高等院校动画专业核心系列教材

主编　王建华　马振龙　副主编　何小青

FLASH动画设计

张　璇　编著

中国建筑工业出版社

《高等院校动画专业核心系列教材》
编委会

主　编　王建华　马振龙

副主编　何小青

总　序

动画产业作为文化创意产业的重要组成部分，除经济功能之外，在很大程度上承担着塑造和确立国家文化形象的历史使命。

近年来，随着国家政策的大力扶持，中国动画产业也得到了迅猛发展。在前进中总结历史，我们发现：中国动画经历了 20 世纪 20 年代的闪亮登场，60 年代的辉煌成就，80 年代中后期的徘徊衰落。进入新世纪，中国经济实力和文化影响力的增强带动了文化产业的兴起，中国动画开始了当代二次创业——重新突围。2010 年，动画片产量达到 22 万分钟，首次超过美国、日本，成为世界第一。

在动画产业这种井喷式发展背景下，人才匮乏已经成为制约动画产业进一步做大做强的关键因素。动画产业的发展，专业人才的缺乏，推动了高等院校动画教育的迅速发展。中国动画教育尽管从 20 世纪 50 年代就已经开始，但直到 2000 年，设立动画专业的学校少、招生少、规模小。此后，从 2000 年到 2006 年 5 月，6 年时间全国新增 303 所高等院校开设动画专业，平均一个星期就有一所大学开设动画专业。到 2011 年上半年，国内大约 2400 多所高校开设了动画或与动画相关的专业，这是自 1978 年恢复高考以来，除艺术设计专业之外，出现的第二个"大跃进"专业。

面对如此庞大的动画专业学生，如何培养，已经成为所有动画教育者面对的现实，因此必须解决三个问题：师资培养、课程设置、教材建设。目前，在所有专业中，动画专业教材建设的空间是最大的，也是各高校最重视的专业发展措施。一个专业发展成熟与否，实际上从其教材建设的数量与质量上就可以体现出来。高校动画专业教材的建设现状主要体现在以下三方面：一是动画类教材数量多，精品少。近 10 年来，动画专业类教材出版数量与日俱增，从最初上架在美术类、影视类、电脑类专柜，到目前在各大书店、图书馆拥有自身的专柜，乃至成为一大品种、门类。涵盖内容从动画概论到动画技法，可以说数量众多。与此同时，国内原创动画教材的精品很少，甚至一些优秀的动画教材仍需要依靠引进。二是操作技术类教材多，理论研究的教材少，而从文化学、传播学等学术角度系统研究动画艺术的教材可以说少之又少。三是选题视野狭窄，缺乏系统性、合理性、科学性。动画是一种综合性视听形式，它具有集技术、艺术和新媒介三种属性于一体的专业特点，要求教材建设既涉及技术、艺术，又涉及媒介，而目前的教材还很不理想。

基于以上现实，中国建筑工业出版社审时度势，邀请了国内较早且成熟开设动画专业的多家先进院校的学者、教授及业界专家，在总结国内外和自身教学经验的基础上，策划和编写了这套高等院校动画专业核心系列教材，以期改变目前此类教材市场之现状，更为满足动画学生之所需。

本系列教材在以下几方面力求有新的突破与特色：

选题跨学科性——扩大目前动画专业教学视野。动画本身就是一个跨学科专业，涉及艺术、技术，横跨美术学、传播学、影视学、文化学、经济学等，但传统的动画教材大多局限于动画本身，学科视野狭窄。本系列教材除了传统的动画理论、技法之外，增加研究动画文化、动画传播、动画产业等分册，力求使动画专业的学生能够适应多样的社会人才需求。

学科系统性——强调动画知识培养的系统性。目前，国内动画专业教材建设，与其他学科相比，大多缺乏系统性、完整性。本系列教材力求构建动画专业的完整性、系统性，帮助学生系统地掌握动画各领域、各环节的主要内容。

层次兼顾性——兼顾本科和研究生教学层次。本系列教材既有针对本科低年级的动画概论、动画技法教材，也有针对本科高年级或研究生阶段的动画研究方法和动画文化理论。使其教学内容更加充实，同时深度上也有明显增加，力求培养本科低年级学生的动手能力和本科高年级及研究生的科研能力，适应目前不断发展的动画专业高层次教学要求。

内容前沿性——突出高层次制作、研究能力的培养。目前，动画教材比较简略，多停留在技法培养和知识传授上，本系列教材力求在动画制作能力培养的基础上，突出对动画深层次理论的讨论，注重对许多前沿和专题问题的研究、展望，让学生及时抓住学科发展的脉络，引导他们对前沿问题展开自己的思考与探索。

教学实用性——实用于教与学。教材是根据教学大纲编写、供教学使用和要求学生掌握的学习工具，它不同于学术论著、技法介绍或操作手册。因此，教材的编写与出版，必须在体现学科特点与教学规律的基础上，根据不同教学对象和教学大纲的要求，结合相应的教学方式进行编写，确保实用于教与学。同时，除文字教材外，视听教材也是不可缺少的。本系列教材正是出于这些考虑，特别在一些教材后面附配套教学光盘，以方便教师备课和学生的自我学习。

适用广泛性——国内院校动画专业能够普遍使用。打破地域和学校局限，邀请国内不同地区具有代表性的动画院校专家、学者或骨干教师参与编写本系列教材，力求最大限度地体现不同院校、不同教师的教学思想与方法，达到本系列动画教材学术观念的广泛性、互补性。

"百花齐放，百家争鸣"是我国文化事业发展的方针，本系列教材的推出，进一步充实和完善了当下动画教材建设的百花园，也必将推进动画学科的进一步发展。我们相信，只要学界与业界合力前进，力戒急功近利的浮躁心态，采取切实可行的措施，就能不断向中国动画产业输送合格的专业人才，保持中国动画产业的健康、可持续发展，最终实现动画"中国学派"的伟大复兴。

丛书主编：　　王建华　中国传媒大学新闻学院

　　　　　　　　天津理工大学艺术学院

前 言

PREFACE

以网络和移动媒体作为主要播放平台的具有交互性的 Flash 动画以它独特的视觉魅力和广泛的应用媒介吸引了动画师和交互设计师的目光。它在传播信息的同时极大地满足了用户和受众的参与感，具有很强的娱乐性。

于是，研读 Flash 动画的独特语言方式成为一件有意义的事情，这本书将 Web 平台的具有交互性的 Flash 动画作为本书的核心内容之一。在讲述用户体验的相关知识及理论的基础上探讨 Flash 交互动画的设计思路和方法。其次，本书讲述了 Web 和手机平台的 Flash 动画片的设计，探讨制作 Flash 动画片的相关特点和理论。虽然本书将主要作为专业学校的教学辅导书籍，但读者对象包括了希望认识 Flash 动画的观众、交互设计师及学生。

本书在写作时遇到的最大困难是只能将动态的画面和声音用静止的文字描述。实际上想要用文字来复制交互动态效果或是一段动画镜头是不可能的，为了弥补这个缺憾，书中引用了实例讲解，截取了大量的画面，用以配合文字说明。即使这样，还是建议读者仔细观看书中提到过的动画片和浏览相关网站体验交互动态效果。

本书光盘中配合书籍中的作业内容设计了 10 个实例，读者可以打开光盘中的 Flash 源文件配合本书对实例的步骤讲解了解制作过程。

目 录
CONTENTS

第 1 章　Flash 动画概述

1.1　Flash 动画的概述

1.1.1　概念

　　Flash 动画是目前网络上比较流行的一种二维交互式矢量的图形动画形式，它可以将音乐、声效、图形图像动画、文字动态及界面设计巧妙地融合在一起制作出形式多样的动态效果，在满足用户参与感的同时达到视听上的审美享受。

1.1.2　发展历史

　　Flash 的前身是 Future Wave 公司的 Future Splash，是世界上第一个商用的二维矢量动画软件，用于设计和编辑 Flash 文档。

1.1.2.1　国内的原创 Flash 动画发展及现状

　　Flash 动画的创作者多被称为"闪客"。闪客逐渐成为 Flash 动画创作者的代名词，并被用户接受。中国在 Flash 动画的发展中涌现出许多著名的闪客。中国的闪客们从独立创作到承接商业项目日趋成熟，题材和类型多样化，题材涉猎广泛，有改编经典、都市情感题材、幽默小品等，类型有以单个或几个主要角色展开故事叙述，主要有连续剧、单本剧、微电影等；Flash 动画结合二维手绘、3D 造型、后期合成等多种创作手段，艺术风格多元化、个性化；Flash 动画播放多以网络作为传播平台，也有以电影电视媒体、车载等移动媒体和户外媒体等作为播放平台，生产日趋成熟完善，具有广泛的受众与良好的市场前景。

　　早期的闪客多为个人原创，注重作品的艺术性和探索性，题材有叙事短片、MTV 等。代表人物主要有老蒋、小小、卜华等。

　　老蒋，1972 年生，现居北京，毕业于中央美术学院版画系摄影专业，号称中国闪客第一人，新媒体艺术的杰出代表，是代表中国 Flash 动画艺术水平的领军人物。他的作品风格鲜明、色彩强烈，从《酷夏》、《胡思乱想》到《长征》、《五四运动》、《新长征路上的摇滚》，老蒋用极具视觉冲击力的画面和利落的剪接来刺激着观者的眼球。老蒋监制的动画版《大话 G 游》改编自周星驰的《大话西游》，由于是 FLASH 制作，动作更加夸张搞笑。《大话 G 游》本身，也成为 FLASH 动画的经典作品（图 1-1）。

图 1-1

卜华的 Flash 动画作品具有很强的艺术性，探讨爱情、亲情等话题，作品绘制细腻，有独特的个性。《病之城》入选法国 Les Nuits Magiques 国际动画节中国单元开幕影片。《一》讲述了一个人的一小段内心世界，每个人都是很多人的综合体，有很多矛盾的面，他们来自同一个人。

代表作《猫》讲述了关于母子情深的故事，猫妈妈和孩子相依为命，过着快乐的生活。不料灾难降临，猫妈妈被歹徒暗算，处于生死边缘。懦弱的孩子为了挽救母亲的生命，克服艰难险阻，跨越生死两界，冲入地域以命相拼，最终感动了上苍，救回妈妈，母子团聚。《猫》故事感人，画风厚重，构图饱满大气，色彩浓烈，看似凌乱的笔触却刚劲有力、触动人心；主角猫妈妈和孩子造型拟人化，作者借物喻人，发人深省；影片的音乐和镜头节奏配合相得益彰，烘托了整部片子的气氛和情绪（图 1-2）。

猫室（李蠢）是香港的动漫创作工作室，主创有两个人，Pam 主要做剧本创作，John 主要做图像及 Flash 动画创作。他们创作的主题很多围绕解决生活难题、关注环保话题、围绕城市生活的小故事等。出版图书《癫当之神奇玫瑰花》，受到漫画迷的喜爱。他们的 Flash 动画作品曾在东京、美国等国家获奖，作品有《癫当》、《李蠢》、《累透社》、《愚人生》等个性化动画短片。猫室创作的人物——癫当、戴熊、多多等造型生动，有很强的辨识度。动画铿锵集——隐蔽老人讲述香港的隐蔽老人问题。动画刻画得生动细腻，将老人过马路时狼狈的状态；电车男怎样用杂物站位置，不给老人家让座；长者爱去的凉亭也被占用等表现得真实深刻，反映了社会世态，引起人们对老年人的关注。

后期 Flash 作品主要由个人创作逐渐转变为商业性创作，品牌逐渐确立。作为一种宣传品牌的手段，从 Flash 动画拓展到游戏、Gif 表情、手机动画等多个领域，不断提升品牌效力和影响力。这一阶段的代表人物主要有拾荒、阿桂、彼岸天等（图 1-3）。

田易新（拾荒）的作品《小破孩》系列诞生于 2002 年，Flash 动画《中秋背媳妇》上传至互联网被无数次点击与转发。《小破孩》系列涉猎 Flash 动画、游戏、漫画、表情、壁纸等多个领域，动画片的主角"小破孩"和"小丫"两个胖乎乎

图 1-2

图 1-3

的卡通人物，被作者通过现代的造型手法赋予了独特的中国风，《小破孩》的两个可爱角色穿着传统的中国服饰，线条勾勒赋予变化，造型简洁流畅。《小破孩》系列叙事风格多样，有些幽默搞笑，又有一定的讽刺意味；有些温馨浪漫、温暖感人；有些充满童真，老少皆宜。《小破孩》动画注重娱乐性、思想性、艺术性的结合。影片的取材和表现多样，不管是中国传统文化题材还是现代的、外国的、即时的素材都有涉猎，并且融入了时尚的元素，适合于当下观众的审美取向，比如传统题材的《景阳冈》、《金瓶梅》、《射雕英雄传》；西方题材的《佐罗》系列；具有时效性题材的《七种武器》、《中秋背媳妇》；爱情题材的《小破孩的裤衩爱情》等，影片的形式也很灵活，有单本剧、连续剧等（图 1-4）。

桂华政（阿桂），著名动漫人，闪客，毕业于鲁迅美术学院，阿桂动漫工作室艺术总监。漫画代表作有《疯了！桂宝》系列，动画代表作品有《桂宝系列》、《70、80 年代生人》、《胖狗狗动画系列》等。作品中角色造型夸张风趣，胖狗狗系列故事多为幽默、冷笑话，有很强的娱乐性。很多人认识阿桂都是从其经典作品《动画速写——七十年代生人》开始的，简单的线条，幽默的对白，令人怀旧的情节，吸引了无数坐在电脑前的 20 世纪 70、80 年代人的共鸣。阿桂的动画速写系列是广为人知的作品，看似简单凌乱的风格对人物表情作了细致生动的刻画，很好地诠释了人物的特点，体现了 Flash 动画的深厚功力（图 1-5）。

图 1-4

图 1-5

B&T Studio（彼岸天）成立于 2003 年，作品具有较强的辨识度，作品绘制细腻，尤其是场景的绘制细致，光线柔和，具有一种意境美，彼岸天作品故事取材于生活，故事深刻感人。主要作品有《美雪》、《冬天来了》、《女孩的日记》、《神庙的祈愿》、《遗失的枫林》、《TOYOU》、《艾索的夏天》、《Bobo&Toto》系列剧、《大鱼海棠》等。代表作品《Bobo&Toto》系列剧讲述了两个可爱的动物熊猫 Bobo 和小鸡 Toto 的故事。两个造型一高一矮、一胖一瘦，熊猫 Bobo 造型敦厚可爱，头顶的小花使它更加憨态可掬，小鸡 Toto 夸张有喜感，大大的眼睛突出了它敏感且有点神经质的特点。这一系列作品中尤以《燕尾蝶》系列最为著名，讲述的是 Bobo 和 Toto 的寻救之旅，这是一个关于爱的故事，画风细腻，色调温暖，动作表现含蓄，剧情感人（图 1-6）。

互象动画创建于 2005 年，主创皮三是著名的动画人和闪客。互象的作品《哐哐哐》系列一经播出就备受关注，其中像《三八线》、《一毛钱》、《体育课》、《抓小偷》等是取材于 20 世纪 80 年代学校生活的故事，画面呈现出独特的剪影风格和肌理效果，表现出 Flash 中对动画光线的渲染，画面富有怀旧感，内容夸张、情节搞笑，并且充斥着大量的黑色幽默，因反映 80 后的记忆，所以在 80 后受众中广为流传。人物形象取材于漫画中的"对话框"，生动、个性。互象动画的另一部作品《泡芙小姐》都市情感系列剧每一集都由一个独立的小

图 1-6

图 1-7

故事构成，例如《泡芙小姐的沙漏》、《泡芙小姐的钥匙》等借物喻人的主题来源于现实生活的故事情节。每一集都以物来命名，并从"物"开始叙事，结束于"物"的一句简练、个性、具有哲思意味的"泡芙语录"，内容多是与本集主题相关的经典比喻。物是这个时代的特征，在泡芙小姐的眼里，每个物都有自己的灵魂和精神，代表着对生活的看法和情感的寓意。因此，泡芙的故事贴近都市年轻人的情感生活，泡芙的爱情是生活在当下的时尚青年的情感折射，有较为广泛的年轻受众。该剧引入了美剧的制作和播出模式，拍摄、制作、播出、营销环节同步进行，并根据网友的反馈实时调整剧情走向，全互动的节目形态是中国 Flash 网络动画连续剧历史上一次新的尝试（图 1-7）。

1.1.2.2　Flash 在多媒体交互领域中的发展

　　Flash 不仅在动画领域取得了卓越的成绩，在多媒体交互历史的发展中也有举足轻重的地位。

　　20 世纪 80、90 年代，网站以资讯量和广告为其赚取利润的重要指标，很多专业性较强的网站也不得不在其站点上开辟与其毫无关联的其他信息服务，这使得网站杂乱无章。当然，从另一方面来说也促成了网站变革的发生，网站开始走向中小企业、品牌甚至某个项目，为了吸引小众浏览群，Flash 交互式多媒体动画网站应运而生。从 2advanced 到 QQ 宠物再到今天的三国风云，无不是在努力做到构建一个更加友好的、智能的 Flash 交互式多媒体动画网站。长久以来，Gif 动画、Java 特效和视频占据着网页设计中的动画效果部分，网页也只能停留在简单、基础的动画视觉效果上，而且这些东西都有着其天生的局限性。网络带宽决定了 Gif 动画的数据大小不能过大，而 Gif 的点阵图格式又使其本身在相对动效情况下占据更多的数据空间。这使得使用者为了表达动效而不得不损失图片质量或是压缩关键帧数。在数据大小上，Java 特效占有一定的优势，由于它是一种客户端代码，不会给服务器应用程序池带来负荷，并且它还能够表达一定的交互效果。然而它只能表达一些简单的动画效果，不足以组成一个有复杂动效的网页。视频就更不能一提了，首先它需要客户端软件或是相对庞大的插件的支持，其次它受网络带宽的限制又最为明显。同时，由于视频数据压缩格式的不断快速更新，迫使用户不得不下载更多的压缩插件来满足对它的支持。而 Flash 的出台，几乎解决了以上所有的技术限制。它可以让用户毫无限制地表达自己的动画效果，同时它实现了与受众的交互，动画效果也更流畅，它还可以接受外部数据，实现和服务器的动态传输。

总结起来，Flash 交互式多媒体动画网站的优越之处有以下几点：

（1）超强的交互性能：能够使用流畅的动画效果虚拟现实，比较容易达到功能与美的完美结合。

（2）数据量小：矢量图的表达方式使得整个文件较 Gif 动画或视频来说数据小很多，利于在网络上传播。

（3）插件普及率高：Flash 插件在全球计算机上的普及率达 90% 以上，较目前另外两个比较流行的虚拟现实插件 Java 虚拟机和 Cult3D 要高很多。Flash 发展到现在支持多种格式，其功能和易用性不断地强大和完善。Flash 以及搭配使用的 Shockwave Flash 外挂程式打开了新的局面，自此以后，所带来的重大变革以及与其搭配的程式语言 ActionScript 吸引了许多忠实的开发者。Flash 被称为是"最为灵活的前台"。其独特的时间片段分割（TimeLine）和重组（MC 嵌套）技术，结合 ActionScitp 的对象和流程控制，使得在灵活的界面设计和动画设计中成为可能。

Flash 兼容 html，支持在 html 文本中内嵌图像和 swf，提供 Web 服务和 xml 的预建数据连接器。具有设计感的 Flash 交互动态被广泛地应用在网页设计中，为画面增加交互性及动感。Flash CS5 Professional 支持 IOS 项目开发，已经接入到手机 APP 开发领域。为 Flash 在移动互联网平台的植入和拓展提供了可能性。

（4）数据交换便利：Flash 能够和文本文件很好地进行数据交换，这使得 Flash 交互式多媒体动画同样可以实现动态网站功能。

现今，Flash 交互式多媒体动画网页（即全 Flash 网站）已经在网站制作业界初具规模，其交互式多媒体动画网页具有自身强大的交互特性和独特的风格，更多的人也开始关注对 Flash 交互式多媒体动画网页的访问。这就形成了一个极具潜力的新兴"行业"。这个"行业"的诞生将整个网站制作引向了一个新的方向。

1.2　Flash 动画的艺术特性

1.2.1　Flash 独特的艺术表现力

1.2.1.1　适合网络传播的 Flash 动画

从文件的画面和质量上比较，传统动画画质丰富细腻，动画生动流畅，但要在网站里加入动画，传统动画上百兆的文件，互联网的下载速率就无法支撑了。Flash 动画文件小，而且多是二维矢量图形动画，图片可以无损缩放，非常适合插入网页之中产生动态效果。

1.2.1.2　制作周期短与单人完成的无纸动画

从动画的制作流程来看，Flash 也有自身的优势。传统动画要经过从脚本→设计稿→分镜头→场景绘制→原动画→描线上色→编辑、合成、配音、输出等一系列的复杂流程。传统的动画片很难由一个人独立完成，往往需要团队合作完成。目前，Flash 主要分为商业用途和个人及团队创作。前一部分主要有产品广告、网站 Logo，一些产品说明和课件用到的 Flash 动画演示等；后一部分主要是网上的闪客制作的故事短片、MTV 等。Flash

制作者从创作到最后输出发布差不多都是一个人来完成，几乎包括传统动画的工序。Flash 为无纸动画提供了平台，但 Flash 动画基于电脑运算，它只能实现一些矢量图形的大小、方位、颜色的位移及形变动画、导线动画、遮罩动画等。稍难的走路、跑步、转面动画等就无法演算出来，更不用说人物的表情、肢体语言这些细微的变化了。由此可见，Flash 的特点是制作简单、快捷、文件小，适合在网上使用，能实现网络互动功能，适用于网络广告、网络、MTV、产品演示等类型的图形图像动画和文字动画。Flash 也能通过逐帧动画绘制转面等较复杂的动画，与传统动画的绘制方法基本相同。

1.2.1.3　多媒体特性

与传统动画相比，Flash 动画具有多媒体的特性，Flash 具有交互和超链接的非线性结构。所谓交互就是 Flash 创作的作品可以添加很多交互功能（比如按钮等），让用户参与到作品中去，用户的操作有可能对作品的形态产生实时的影响。所谓非线性的结构就是说 Flash 动画的叙述方式不一定按照传统动画的剧本有开始、发展、高潮、结局等几个部分，Flash 动画可能是向用户展示几个概念、几个词语，而不一定是线性的叙事结构；并且 Flash 界面的功能可以使用户以超链接的方式到达他想要了解的界面或链接中去，这是一种非单一点击出口的非线性结构。

传统动画与 Flash 动画各有利弊，也可以尝试结合两者的优势进行创作。以传统动画的前期编绘人员制作电脑无法替代的那部分动画，采用 Flash 合成、演算制作其余部分，各取所长，使两者的优点得到充分结合，可以制作出符合新时代传媒特点的动画产品，并在此基础上满足用户的互动体验，为多媒体动画传播开辟出一条新路。

1.2.2　播放平台和传播途径

Flash 主要在互联网平台中发布和传播。网络传播的即时性、方便快捷的点击观看下载，为 Flash 的发布和传播提供了跨时空的优质平台。

Flash 具有跨平台的特性，所以无论处于何种平台，只要安装有 Flash Player，就能保证它们最终显示效果一致。而不必像在以前的网页设计中那样为 IE 和 Mozilla 或 NetSpace 各设计一个版本。同 Java 一样，它的可移植性很强。Flash 影片是流式文件，需要播放大段的影片时不必等到影片全部下载后才开始播放，而是可以边下载边播放，预加载功能使得 Flash 适合于网络传输。

1.2.3　Flash 动画的种类和功能

Flash 动画的种类从广义上说主要有以下几种：站点建设、应用程序、手机领域的开发、Flash 游戏、Flash 动画、Flash 广告等（图 1-8）。

站点建设——使用 Flash 建立全 Flash 站点的技术，意味着更高的界面维护能力和整站的架构能力。但它带来的好处也异常明显：全面的控制、无缝的导向跳转、更丰富的媒体内容、更体贴用户的流畅交互、跨平台和客户端的支持。

应用程序——由于其独特的跨平台特性和在界面控制以及多媒体中的功能，使得使用 Flash 来制作的应用程序具有很强的生命力。在与用户的交流方面具有其他方式无可比拟的优势。当

图 1-8　李元诗的个人网站设计，全 Flash 站点，具有丰富的动态效果

然，某些功能可能还要依赖于 xml 或者其他诸如 JavaScript 的客户端技术来实现，但能方便地在其中实现数据转换。

手机领域的开发——Flash 的介入可以使手机增加更丰富的动态效果，为用户提供一个较高质量的视听平台。Flash 对 IOS 的兼容使得 Flash 融入手机 APP 应用成为可能。

Flash 游戏——Flash 中的游戏开发已经日趋成熟，手机 Flash 游戏、网络 Flash 游戏被用户所熟知。Flash 游戏大多为中、小型游戏。Flash 游戏细腻的二维画面，强大的交互功能，为良好的游戏体验提供保障。

Flash 动画——如上文所述，Flash 动画有别于传统动画，发布平台主要以互联网为主。

Flash 广告——在网站中，可以很轻松地找到各种广告。这些 Flash 广告色彩丰富、节奏明快，刺激访问者的眼球，快速有效地传递着各式各样的信息。Flash 广告具有其他软件制作的广告不可比拟的优点，文件量小，动作流畅，极富节奏感，具有交互性等。

1.3　Flash 软件的界面构成

Flash 技术在网页动画和多媒体交互设计中具有重要的作用。其技术在网页动画、游戏、广告等领域得到了广泛的应用。Flash 软件发展至今具有较为完善的功能和便捷的操作界面。

最新的 Flash 软件融合性更强，可以将 Adobe Photoshop(.psd) 文件直接导入 Flash 文档中，并保留原 psd 文件的图层和结构。在导入时还可以进行平面化操作，同时创建一个图像文件。Flash 软件可以将 Adobe Illustrator(.ai) 文件直接导入 Flash 文档中，并保留原 ai 文件的图层和结构。

Flash 的界面主要由菜单栏、主工具栏、工具面板、时间轴、编辑栏、舞台、创作面板以及右键快捷菜单组成（图 1-9）。

1.3.1　菜单栏

菜单栏由文件、编辑、视图、插入、修改、文本、命令、控制、测试、窗口和帮助 11 个菜单项组成。单击每个菜单项会显示出相应的下拉菜单（图 1-10）。

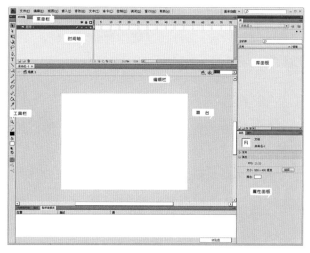

图 1-9　Flash 的界面工作环境

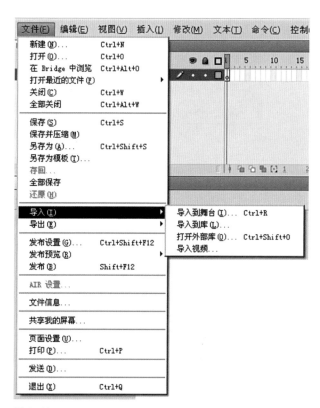

图 1-10

1.3.2 工具栏

工具栏进行绘制及编辑图形等操作。使用这些工具可以在舞台的工作区绘制所需的图形对象，并进一步对绘制对象进行编辑、修改。工具栏分四个部分，见图1-11。

1.3.3 时间轴

时间轴面板用于编辑控制一定时间内的图层和帧的文档内容。Flash 以帧作为时间单位，每个图层包含一个显示在舞台中的对象（图1-12）。

1.3.4 舞台

舞台是在创建 Flash 文档时放置图形内容的编辑区域，该区域显示内容即为当前帧内容，在实际播放影片文件时，舞台矩形区域以内的图形

对象是可见的，区域以外的对象是不可见的。在编辑时，如果需要更改舞台的视图，可以使用放大缩小功能；可以在工具栏选择缩放工具，然后在工具栏的选项区选择放大或缩小工具；或者按下快捷键"Ctrl+"或"Ctrl−"，可以相应地放大或缩小舞台显示（图1-13）。

放大舞台时可配合工具栏中的手形工具来移动舞台。在使用其他工具时，如果需要快速切换到手形工具，可以按住空格键。释放空格键后，恢复为原工具。

1.3.5 属性面板

使用属性面板可以设置编辑舞台或时间轴上当前选中内容的最常用属性，例如对象的大小、位置等。属性面板会根据所选对象的不同显示不

图 1-11

图 1-13

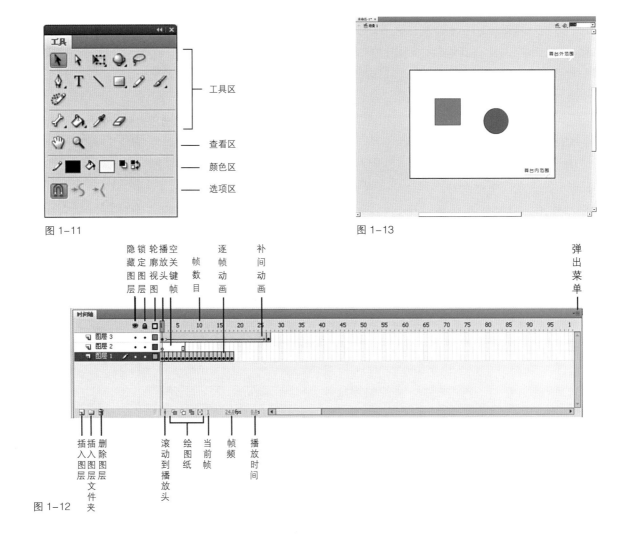

图 1-12

同的选项及参数（图 1-14）。

1.3.6　库面板

　　库面板是存储和管理在 Flash 中创建的各种元件的"仓库"，也用于存储和管理导入的文件，包括图形文件、声音文件和视频剪辑文件。使用库面板管理文件夹中的库项目，将其按类型排序（图 1-15）。

1.3.7　动作面板

　　使用动作面板对编辑对象或帧加入 ActionScript 代码，当帧、按钮或影片剪辑实例被选择时，可以激活动作面板。根据选择的内容不同，动作面板的标题会相应地改变为：动作—按钮、动作—影片剪辑、动作—帧（图 1-16）。

1.3.8　其他面板及右键快捷菜单

　　除了上述面板外，Flash 还有其他功能的面板，比如：颜色面板、信息面板、组件面板等。这些面板都可以通过点选"菜单栏"窗口下拉菜单中相应的选项进行调用（图 1-17）。

　　右键快捷菜单，包含与当前选择内容相关的命令，例如，当在舞台上右击一个对象时，弹出的右键快捷菜单中包含的是对当前选定对象进行操作的命令。许多项目和控件在多个位置（包括舞台、时间轴、库面板及动作面板等）上都有右键快捷菜单。其命令功能与主菜单中的命令作用有些是相同的，但使用起来更方便（图 1-18）。

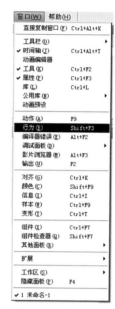

图 1-15　　　　　　　　　　　　　图 1-17

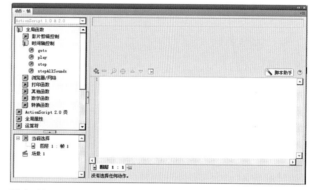

图 1-16

图 1-14

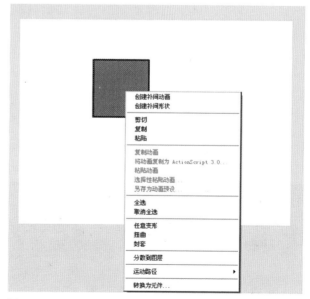

图 1-18

第 2 章　Flash 动态基础

2.1　Flash 文字动态设计

　　文字动态是在字体设计和文字编排的基础上，以动态的形式传达信息的表现方式。

2.1.1　文字编排

　　字体设计要参照整体的界面设计风格及造型语言，将要表达的主题以图形化的方式形象直观地传达给用户，字体设计需注意文字的可辨识度问题，避免在应用时造成误读或难以识别的图形化文字（图 2-1）。

　　标题文字的设计思维——图形创意：对于标题文字的设计可以采取将"文字图形化"的方法，也就是将文字和能表达文字含义的图形进行创意结合，可以利用图形创意的原理和方法进行文字的图形化设计。图形创意的方法有很多，比如仿曲仿结、共生图形／异质同构、矛盾空间、断置、异影、混维等。关于图形创意的相关知识会在 Flash 图形图像动态章节作详细讲述。

　　如图 2-2 上所示的《产品设计》杂志 Logo，将"产品设计"四个字设计成三维效果，表达了产品的空间内含。

　　图 2-2 下所示为靳埭强设计奖获奖作品，其将字母和天鹅的图形利用异质同构进行设计，生动有趣。

　　图 2-3 所示的桂林米粥的字体设计以"米"

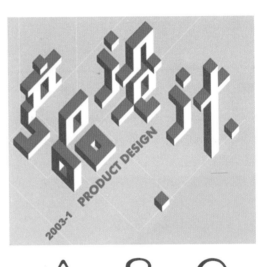

图 2-2

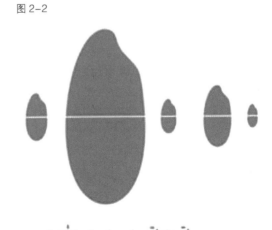

图 2-1　片头标题字设计体现整部影片的主题和风格

图 2-3

的形态直观地表达主题，将米按照秩序排列组合，配合倒影生动地传递出桂林山水的意境美，将桂林与米粥两层含义巧妙地融合到设计中去。

图 2-4 所示为"bbpd"的多种表现方式。

字体字号的使用原则和美感：

正文的中文字体一般最常选用宋体和黑体，也可选用等线体、细圆体等清秀端庄的字体。

网络常用英文字体：① verdana、② georgia、③ timesnew roman(前两种更容易识别) 等，有衬线体识别性相对较低。

在进行文字的编排之前，首先要理解文字的内容。一个标题，究竟用什么字，用多大字号，横排还是竖排？这些是由整体版面气质和文字表述的内容所共同决定的，而不是按我们的惯性思维理解：标题一定要大，要突出，要用粗壮的字体。

图 2-5、图 2-6 说明了，不论是静态还是动态都要进行文字段落编排设计。

文字段落编排即是对文本段落的行距、字距的合理安排，文字字体、字号所形成的节奏和美感也是设计时要考虑的因素。文字编排要注重对所要信息的归纳和梳理分类。分类也就是把理解的文字段分成几个层级，并为其分配相应的占用空间和大致的视觉位置。哪一个是主标题，哪一个是广告词，哪一个是副标题，是否需要进行视觉归纳或者是内容归纳等，可以把这些文字分类成几个层级。对标题字进行合理设计，对正文进行精确排版，并在此基础上调整完善，使文字编

图 2-5

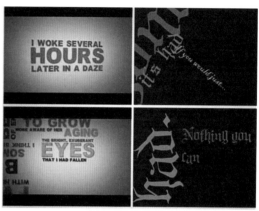

图 2-6

图 2-7

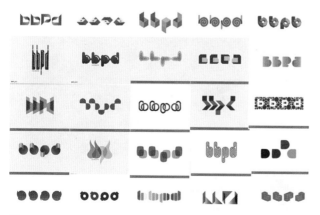

图 2-4

排既富于变化又协调统一。

图 2-7 所示为文字按照信息的层次编排版式，清晰有条理，具有节奏美感。

篇、章页字体注意变化，按照章节层次、字号大小以一定的顺序选定，使读者阅读起来感到结构分明、条理清楚。每个层次不同的字体在统一中不乏变化，丰富视觉意味。运用 Flash 动画形式显示字体，可以避免用户电脑中没有该字体时错误显示的情况，但会增加网页查找和复制的难度。

2.1.2 文字动态

2.1.2.1 镜头

将静态的文字转换成可视化的动态影像，文字就是镜头中的"角色"，合理运用景别、景深、变焦、镜头运动表达片子的情绪和美感，用镜头的运动引导观众的视线，传递动态信息。

镜头：指摄影机连续不断地一次拍摄，在这里指 Flash 中的一个个动画的"片段"。镜头的功能是传达信息，是由画面和声响组成的传达信息和情感的单位。大多数情况下，单个镜头不能表达明确的观念，镜头与镜头连接后形成的逻辑关系是视听语言表达信息与含义的手段之一。Flash 中的镜头具有很强的节奏感，同声响紧密配合，每一个镜头的质量形成一个总体，影响整个影片的观感。

图 2-8 所示短片，整片由一个镜头完成，镜头中的文字不断地从镜头外有节奏地进入画面，缩小到消失于镜头中，画面具有强烈的空间感，深邃幽远，文字和它们之间相连的纤细的线的律动营造了意境美感。

景别：指由于摄影机与被摄体的距离不同，而造成被摄体在电影画面中所呈现出的范围大小的区别。景别一般可分为五种，由近至远分别为特写（人体肩部以上）、近景（人体胸部以上）、中景（人体膝部以上）、全景（人体的全部和周围背景）、远景（被摄体所处环境）。Flash 动态可利用多变的场面调度和镜头调度，交替地使用各种不同的景别，可以使影片剧情的叙述、角色思想

感情的表达、角色关系的处理或视觉信息的传达更具有表现力，从而增强影片的艺术感染力。

图 2-9 所示为 2010 年上海世博会瑞典馆的动态 Logo 宣传片，镜头运用不同的景别，传递的信息由少到多，从孩子微笑的近景镜头开始，全片传递亲切友好的信息和平实的叙述风格，镜头从近景到全景到特写，随着音乐的律动带着观者从瑞典到中国上海体验文化之旅。

景深／变焦：所谓景深，就是当焦距对准某一点时，其前后都仍可见的清晰影像范围。它能决定是把背景模糊化来突出拍摄对象，还是拍出清晰的背景。Flash 可以模拟变焦镜头，利用镜头在一定范围内变换不同宽窄的视场角，或者变换清晰模糊范围引导观者视线。

镜头运动：在一个镜头中通过移动摄像机机位，或者变化镜头焦距所进行的拍摄。通过这种

图 2-8

图 2-9

拍摄方式所拍到的画面，称为运动画面。如：由推、拉、摇、移、跟、升降摄像和综合运动摄像形成的推镜头、拉镜头、摇镜头、移镜头、跟镜头、升降镜头和综合运动镜头等。Flash 可以模拟镜头运动，形成多样化的视点，从而使影片更具动感。

如图 2-10 所示，推镜头在将画面推向被摄主体的同时，取景范围由大到小，随着次要部分不断移出画外，所要表现的主体部分逐渐"放大"并充满画面，因而具有突出主体人物、突出重点形象的作用。

注：关于景别、景深和镜头运动的运用会在本书的第 4 章作重点讲解，这里不再赘述。

2.1.2.2　运动动态

（1）文字 / 文字段的动态：渐显渐隐、滑入、百叶窗、切入、溶解、闪烁、缩放、打字机效果等。

（2）文字 / 文字段的运动路径：

· 线性（曲线、直线）：S 曲线、向上下左右、对角线、旋涡等。

· 形状：几何形、自由型等。

· 缩放、焦点模糊（变焦）。

如图 2-11 所示，镜头 9-20 中传递信息的

图 2-10

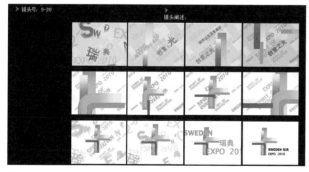

图 2-11

文字"瑞典 /SWEDEN、创意之光、科技之光、EXPO 2010"等打散组合通过渐显划入镜头，背景小字成倾斜排列，线性律动，既有效地传递信息又充满时尚动感。

如图 2-12 所示，由图形作为镜头视觉中心，向四周引出导线，介绍式地处理文字动态，在说明某种事物的属性和相关信息时使用，突出客观性，可以配合镜头缩放强调信息，引导观者视线。

（3）文字 / 文字段的交互动画：弹动、抖动、形变动画等给文字添加动态"质感 / 重量感"，增加文字动画的表现力和戏剧性。所谓弹动、抖动、形变动画，即根据二维动画的运动规律进行合理的绘制并结合 Flash 支持形变动画的演算规律，创作出丰富的动画效果。

如图 2-13 所示，大声展片头动画运用了大量

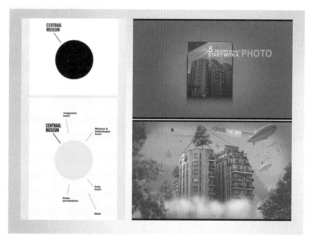

图 2-12

图 2-13

的形变动画，由无数水滴状的元素有节奏、有弹性地变换，最终定格成大声展的文字。

2.1.3 节奏与韵律

在版面构成中节奏和韵律是同一图案在一定的变化规律中重复出现所产生的韵律感。在文字动态短片中，"节奏"指有规律的重复现象，如：心跳、钟摆声、琴键的间距和台阶的跻步等，都构成节奏，节奏蕴涵着规律性和秩序性，可以增强视觉上的感知性，比如流动的斑马线。当节奏作有规律的渐变即产生韵律，单纯的节奏显得有些呆板，加上韵律的变化可以变呆板为活泼，增加韵味。例如，短片的节奏不仅节拍分明，而且文字动态要有起承转合、高低起伏、顿挫抑扬的变化。

如图 2-14 左所示，节奏性的曲线形态体现出版面韵律。如图 2-14 右所示，版面中的视觉元素反复重复形成视觉韵律。

如图 2-15 所示，根据音乐调整节奏，调整文字动态，音乐的轻重决定了文字动态的虚实变化。

2.1.4 文字动态实例解析及作业

有些网站或手机的应用中有很多文字的动态效果，其用于网络广告、品牌宣传 loading、手机应用开机画面等。在了解了关于文字动态的知识后，通过练习能够使自己更好地掌握设计和制作文字动态的思维方式和方法。

作业 1 题目："A to Z 的联想"

要求：对 A 到 Z 的 26 个字母任选几个字母

或几个字母组成的单词作文字动态联系，运用图形创意联想、文字动态效果、镜头及节奏和韵律等相关知识进行联想和设计。

提示：由 A 你能联想到哪些单词？A 有什么含义？A 同其他字母有什么关联？等等。得出将文字进行图形化的创意依据，并加入适当的动效。

（1）短片时间：30 ~ 60s。

（2）格式：.swf。

设计思路和步骤：

（1）进行某个字母的联想，绘制大脑地图，对联想所得词语进行图形创意设计，将文字图形化。

如图 2-16 所示为词汇联想及设计，将词语本身的含义以图形化的方式表达，生动有趣。

如图 2-17 所示，通过对词语的联想得到了图形，将文字和图形进行组合设计。

（2）分析所设计的图形文字之间的关系，进行动态设计联想，注意镜头之间的转接关系（使

图 2-14

图 2-15

图 2-16

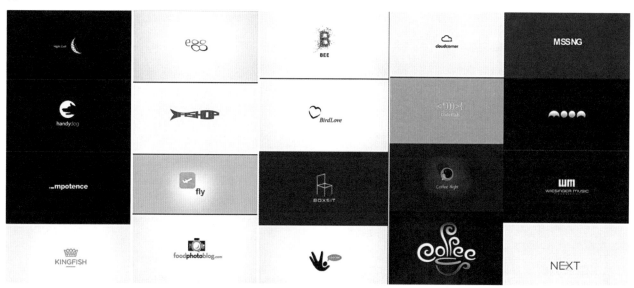

图 2-17

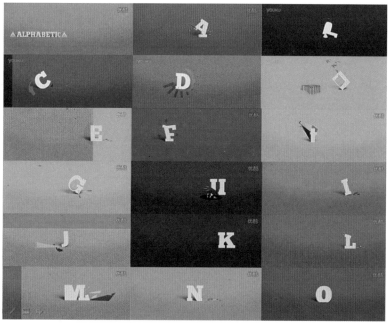

图 2-18

用镜头语言）和节奏变化。

实例解析 1：ALPHABETIC 超酷的字母动画

如图 2-18 所示，短片中文字设计灵动有趣，字母之间变换动态、流畅、自然。在变换的同时配合小而精致的图形动态，在背景音乐的衬托下显得轻盈细腻。

实例解析 2：I am going to make it better

如图 2-19 所示，短片由一句 I am going to

make it better 开始，通过不断地动态变换这段文字呈现出丰富的视觉效果，构思巧妙，暗示主题，动态流畅。

2.2　利用 Flash 软件编辑文本

2.2.1　文本输入及编辑

使用文本工具创建文本 T。在舞台中单击鼠标即

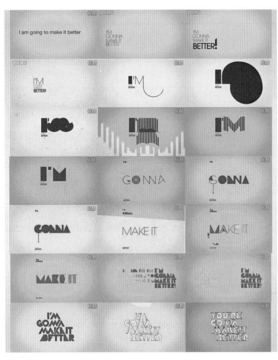

图 2-19

图 2-21

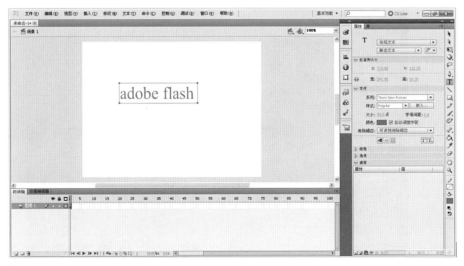

图 2-20

可创建一个文本框,在文本框中输入文本(图2-20)。在创建文本后可以对文本进行编辑。在"属性"面板中可以设置文本的字体和样式属性(图2-21)。

在属性面板的顶部下拉列表中可设置文本框的类型,包括静态文本、动态文本和输入文本三种(图2-22)。

图 2-22

2.2.2　嵌入字体和 tlf 文本

2.2.2.1　嵌入字体

通过 Internet 播放发布 swf 文件时,不能保证使用的字体在用户计算机上可用。要确保文本保持所需外观,可以嵌入全部字体或某种字体的特定字符子集。通过在发布的 swf 文件中嵌入字符,可以使该字体在 swf 文件中可用,而无须考虑播放该文件的计算机。嵌入字体后,即可在发布的 swf 文件中的任何位置使用。

图2-23所示为在 swf 文件中嵌入某种字体的字符。

(1)在 Flash 中打开 fla 文件后,执行下列操作来打开"字体嵌入"对话框:选择"文本"→"字体嵌入"(图2-24)。

(2)在"选项"卡中,选择要嵌入字体的"系列"和"样式"。如果从文本属性检查器或"库"面板打开"字体嵌入"对话框,则该对话框中会自动显示当前所选内容使用的字体。

图 2-23

(3)在"字符范围"部分,选择要嵌入的字符范围。嵌入的字符越多,发布的 swf 文件越大。

(4)如果要嵌入任何其他特定字符,请在"还包含这些字符"字段中输入这些字符。

(5)要使嵌入字体元件能够使用 ActionScript 代码访问,请在"ActionScript"选项卡中选择"为 ActionScript 导出"。

2.2.2.2　tlf 文本

与传统文本相比,tlf 文本提供了更多的字符样式,包括行距、连字、加亮颜色、下划线、删除线、大小写、数字格式及其他;更多的段落样式,包括通过栏间距支持多列、末行对齐选项、边距、缩进、段落间距和容器填充值;控制更多的属性,

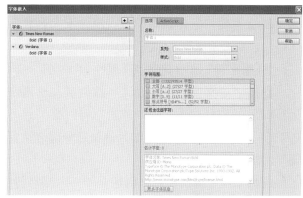

图 2-24

包括直排内横排、标点挤压、避头尾法则类型和行距模型。

在文本运行时，可以使用 tlf 文本创建三种类型的文本块（图 2-25）：

（1）只读：当作为 swf 文件发布时，文本无法选中或编辑。

（2）可选：当作为 swf 文件发布时，文本可以选中并可复制到剪贴板，但不可以编辑。对于 tlf 文本，此设置是默认设置。

（3）可编辑：当作为 swf 文件发布时，文本可以选中和编辑。

使用字符样式：

字符样式是应用于单个字符或字符组（而不是整个段落或文本容器)的属性。要设置字符样式，可使用文本属性检查器的"字符"和"高级字符"部分。

属性检查器的"字符"部分包括以下文本属性：

系列：字体名称。(注：tlf 文本仅支持 OpenType 和 TrueType 字体。)

样式：常规、粗体或斜体。tlf 文本对象不能使用仿斜体和仿粗体样式。某些字体还可能包含其他样式，例如黑体、粗斜体等。

大小：字符大小以像素为单位。

行距：文本行之间的垂直间距。默认情况下，行距用百分比表示，但也可用点表示。

颜色：文本的颜色。

字距调整：所选字符之间的间距。

加亮显示：加亮颜色。

字距微调：在特定字符对之间加大或缩小距离。tlf 文本使用字距微调信息（内置于大多数字体内）自动微调字符字距。

"高级字符"部分包含以下属性：

链接：对所选字段创建文本超链接。输入在运行时已发布的 swf 文件中单击字符时要加载的 URL。URL 为网页地址，如果是站点外部链接要使用网址全称。

目标：用于链接属性，指定 URL 要加载到其中的窗口。目标包括以下值：

· _self：指定当前窗口中的当前帧。

· _blank：指定一个新窗口。

· _parent：指定当前帧的父级。

· _top：指定当前窗口中的顶级帧。

· 自定义：可以在"目标"字段中输入任何所需的自定义字符串值。如果知道在播放 swf 文件时已打开的浏览器窗口或浏览器框架的自定义名称，将执行以上操作。

2.2.3　对文本使用滤镜

Flash 的滤镜功能可以创造出多样的文字效果，单击工具栏中的文字工具在舞台中输入文字并选择文字，在文字的属性面板中打开滤镜栏，

图 2-25

单击滤镜栏底部的 ▣（添加滤镜按钮）弹出滤镜菜单，为文字添加投影、模糊、发光、斜角、渐变发光、渐变斜角、调整颜色的滤镜。添加滤镜后对滤镜的相应参数进行调节（图 2-26）。

 如图 2-27 所示，为对文本"Flash"添加了渐变发光、斜角和发光三种滤镜。具体参数请参考光盘中的实例 2。

2.2.4　滚动文本

　　使用文本滚动组件 UIScrollbar 可以将滚动条添加至文本字段。滚动条和我们在网页中常见的滚动条相似，两端各有一个箭头按钮，按钮之间有一个滚动轨道和滚动滑块。滚动条组件常见的参数有下面几种：

　　_TargetInstancename：指示 UIScrollbar 组件附加文本字段名称。

　　horizontal：指示滚动条方向。水平方向（true）；垂直方向（false）；默认为 false。

　　enabled：指定组件是否可接受焦点和输入。是（true）；否（false）；默认为 true。

　　visible：对象是否可见。是（true）；否（false）；默认为 true。

　　光盘实例 3：文本滚动条设计制作

　　如图 2-28 所示，打开实例 3 文件，新建图层 1，

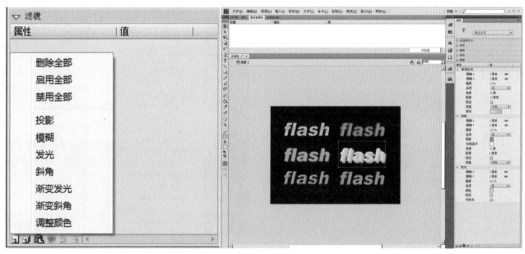

图 2-26

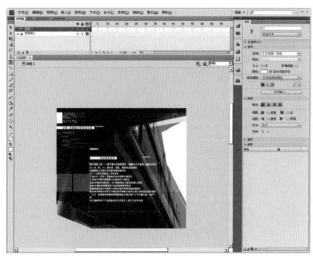

图 2-27（光盘：实例 2）

图 2-28

选择文本工具 T，在属性面板中设置为动态文本，命名文 txt。注意将属性面板中的段落栏／行为设置为：多行（图 2-29）。

应将动态文本设置为多行，否则在影片播放时，文本将以单行显示。

单击窗口／组件，打开组件面板。

将组件面板 User Interface 类下的 UIScrollbar 组件拖动到舞台中动态文本框的右侧（图 2-30）。UIScrollbar 组件会自动定位贴紧到文本框的右侧，并将自身高度调整到与文本框等高，如图 2-31 所示。

单击窗口／组件检查器命令，打开组件检查器面板。在"参数"栏中，其 _targetInstancename 的名称为动态文本"txt"，如图 2-32 所示。

图 2-31

图 2-29

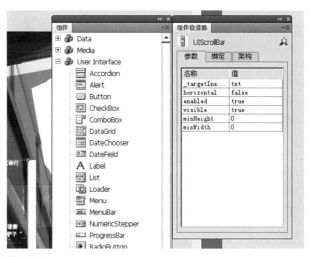

图 2-32

图 2-30

单击控制／测试影片命令，或按快捷键 Ctrl+Enter 测试该影片效果。

2.3　Flash 图形图像动态设计

2.3.1　文字与图形图片编排

将文字和图形图片组合起来，要想达到在有效传达信息的基础上产生设计的形式美感就要求图片或图形同标题正文的版面配合，还要与设计中的其他元素相协调。在编排时要以信息的重要层级为依据，通过改变不同元素的大小、角度、方向，使它们在同一页面中尽可能地协调。标题正文或图形图片的大小编排在面积的大小对比中寻找着均衡的美感。标题大于图形图片，可以使标题更醒目；标题小于图形图片，可以使图片更突出。

如图 2-33 所示，左一中标题文字和图片打散排列组合成一个整体；左二中文字衬底用了和图片近似的桃红色，达到协调统一；左三中图片和文字面积对比强烈，但通过位置的平衡达到构图的和谐；左四中标题字分粗细三个层次，具有节奏的美感，同图片上下对齐组合成一体，简洁清新。

2.3.2　图形图像动态

在 Flash 图形图像动态设计中也要运用到图形图像和文字的编排法则。

在进行图形设计时，要使图形系列化，造型统一又富有变化。在设计时可以先设计出图形的基本形状，也就是适合于某几种几何形态，在整体造型完成的基础上进行局部的变化设计。

如图 2-34 所示，左图具象风格的动物图形设计，在造型上外轮廓近似于几何形，并在几何形上进行曲线变化，饱满生动。右图抽象风格的动物图形设计，在造型上完全适合于几何形，运用统一的造型法则规范图形，使之形成系列化。

如图 2-35 所示，一组倡导保护动物的海报设计，统一的风格及造型语言使之形成系列

图 2-35

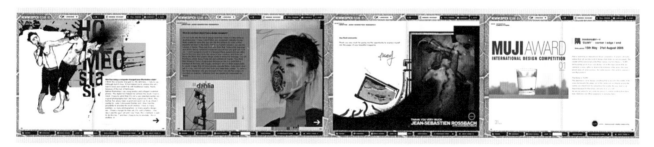

图 2-33

图 2-34

化。动物正面直视观者，视角的选取给人心灵的震撼。

如图 2-36 所示，《The odd creative people》中运用图形、文字以非线性的叙述方式，通过图表、

图 2-36

数据等具象化的动态效果将设计师的七宗罪生动直观地传递给观众。

2.3.2.1 图形图像动态

在设计和编排图形图像动态时可以利用 Flash 软件的功能和特点做出有趣的位移、遮罩、导线和变形动态。

形变动态：常见的动态效果有生长动态、形变等。生长动态造型优美，能够展示出图形生长变化的过程。生长动态也是形变动画的一种，常见的形变动态是表现一个图形演变为另一个图形的过程，运用形变动画可以增强画面动感，具有戏剧张力。

如图 2-37 所示，《The camera collection》运用形变动画，巧妙地在不同的相机形态间转换，将相机的演变历史呈现出来。

位移动态：常见的位移动态有缩放动态、导线动态、遮罩动态等。例如，缩放动画图形在由小变大的过程中成为镜头画面的焦点；导线动态吸引了观者的视线，有效地传递了信息。

如图 2-38 所示，《设计师 19 种保持创意的方

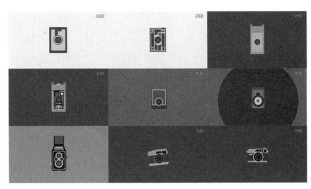

图 2-37

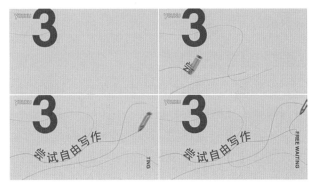

图 2-38

式》中，运用导线动画，铅笔围绕导线运动，将文字带入画面。

2.3.2.2 图形图像与文字动效

文字与图形图像合理配合才能在准确传达信息的同时，使镜头和画面具有节奏和动感。文字在动态中的识别性会变弱，需要在镜头中适当的"定格"，为观众读取信息预留出时间。动态中的文字和图形图像在节奏、动线、动态效果上要协调统一，综合考虑。画面可以以一组文字图形的组合动态作为画面中心或主体，图形和文字的出现顺序可以根据信息的主次顺序安排，出现方式和效果有所呼应，否则会使镜头内的动态效果混乱，很难有效地引导读者视线，传递信息。

如图 2-39 所示，《This is You》中，作者将文字和能够直接表达其含义的图形结合在一起，文字和图形化的语言同时出现在画面中，从两个角度强调信息。画面简洁明快，节奏随着配音效果起伏跌宕。

图 2-39

在切镜头时要注意镜头之间的呼应和衔接，这样才会使观者感觉更流畅。在图形动态短片中，镜头可以通过前后两个镜头中的同一或近似颜色衔接；近似衔接；主体物的相同位置衔接；前后镜头中含有相似动线的动态衔接或者一个物体从一个镜头进入另一个镜头等。

如图 2-40 所示，《动态标识世界》中，通过同一图形或相似形的位移变化及同一色彩的呼应很好地衔接镜头，将这些不相干的标识有趣地联系起来。

2.3.2.3　镜头间的蒙太奇

蒙太奇一般包括画面剪辑和画面合成两方面，画面剪辑：是由许多画面并列或叠化而成的；画面合成：制作这种组合方式的艺术或过程。文字图形动态短片将一系列不同的文字图形动态，从不同的距离和角度，以不同的方法制作的镜头排列组合起来，叙述所要传达的信息。

在连接镜头场面和段落时，根据不同的变化幅度、不同的节奏和不同的情绪需要，可以选择使用不同的连接方法，例如淡、划、切、推、拉等。

2.3.3　动态 Logo 设计

动态 Logo 设计是图形图像与文字动画的典型，很多企业的广告宣传（网络媒介、电视媒介）、电视栏目包装中都会使用动态 Logo 演绎。动态 Logo 演绎往往在整个演绎过程中将 Logo 所要传递的几个层次的信息通过图形、文字动态的方式表达出来，以最后一个镜头落在 Logo 的动态上结束画面。我们在做动态 Logo 设计时要先仔细深入地研究 Logo 所表达的几层含义，然后根据这些关键词进行创意联想，设计出同 Logo 风格相近的图形和文字，最后通过动态的语言以非线性的方式

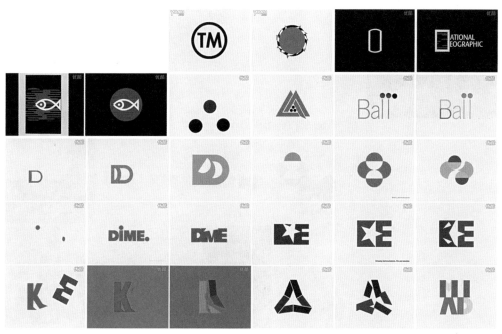

图 2-40

串联全篇。

对 Logo 含义的深入研究，Logo 图形化的拓展，可以运用图形创意的思维方式，Logo 和衍生图形设计要体系化，设计风格、基本造型和色彩搭配一致。

Logo 及衍生图形应用分析

案例一：墨尔本的城市形象标识

图 2-41 所示是澳大利亚第二大城市墨尔本（Melbourne）新的市徽设计，以反映这座国际公认的多元、创新、宜居和重视生态的城市形象。市长道尔（Robert Doyle）表示："新的市徽将成为墨尔本的一个符号，它象征了墨尔本市的活力、新潮和现代化。墨尔本也将一如既往地保持这些特色。"这个由全球著名品牌顾问机构 Landor 设计的新 "M" 字市徽用以取代 20 世纪 90 年代初启用的旧树叶标志。市长道尔为这个耗资 24 万澳元

的新城市市徽作宣传时表示，旧的标志显得有点落伍，面对变化的世界，墨尔本的市徽也需要与时俱进。

图 2-42 所示为墨尔本新旧标识对比。

Landor 不仅为这个城市设计了时尚独特的 Logo，也设计了 Logo 衍生图案和相关应用（图

图 2-42

图 2-41

图 2-43

图 2-44

2-43)。

墨尔本市新 Logo 的相关应用见图 2-44。

案例二：学生作业解析 1 "yummy" 品牌整合设计

"yummy" 品牌主 Logo

图 2-45

作者：管馨、王文艳

如图 2-45 所示，为学生作业 "yummy" 品牌整合设计，左图作者将 yummy 的 Logo 图形发展成系列化、由寿司原料组成的衍生图形，基本造型以折线形为主要风格，并根据品牌的特点设计出寿司、运输服务、包装等不同的图形，形成一套完整的图标体系。

如图 2-46 所示，为 "yummy" 品牌衍生设计：宣传手册和网站。

将 Logo 及衍生图形通过图形动态的方式串联起来，要注意图形之间的变换，可以采用上文中提到的位移动态和形变动态等方式。在镜头的剪接中提倡使用蒙太奇语言使镜头过渡自然。根据主题选择音乐并调整节奏，最后的镜头定格在动态变换的 Logo 上结束全片。

图 2-47 所示为申江外事动态 Logo 演绎从太阳到太阳系再到地球、城市，生活逐渐缩小范围，

确定了申江外事的服务对象是城市生活。其 Logo 的含义是传递最新鲜的外事资讯，传播最实用的

图 2-46

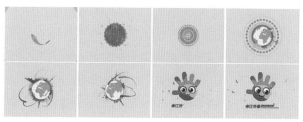

图 2-47

外事知识，微微笑讲上海外事那些事儿，挥挥手向世界 Say Hi。

这里列举 2012 上海世博会瑞典馆动态 Logo 宣传片的创作实例，分析如何从创意到文案到分镜再到制作的整个过程。

分析过程：从研究 Logo 入手，瑞典馆 Logo 由四个方向的光束汇聚到一起，传递了科技之光、创意之光的主旨。

文案——核心理念：由瑞典到上海。通过色彩和元素的变换，带领观众从西方的瑞典到东方的上海，领略文化和生活的差异。

如图 2-48 所示，为《2012 上海世博会瑞典馆动态 Logo 宣传片》最终效果，全篇运用 Flash、Maya、Aftereffects 进行设计制作。

图 2-48

2.3.4 图形图像动态实例解析及作业

学生作业解析：2012 上海世博会瑞典馆动态 Logo 设计前期方案一（图 2-49）

作业：动态 Logo 演绎

选择一个 Logo，分析 Logo 的图形和文字设计，深入分析 Logo 内在的含义，得出几个能够表达延伸理念的关键词，并进行图形创意联想和设计，绘制分镜头台本，制作完成 1min 的 Logo 演绎全片。

视频尺寸：720mm×576mm   格式 .swf/ .avi/.mov 均可。

图 2-49a

图 2-49b

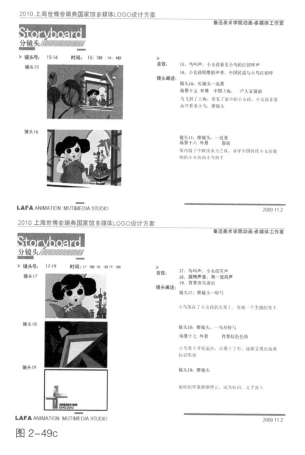

图 2-49c

时长：60s。

要求：最终定格画面为 Logo，合理运用图形图像动态设计，注意节奏和镜头间的连接关系，使用 Flash 软件制作全篇。

短片思路分析：

如图 2-50 所示，短片《奇怪的日本》以八个名词说明日本奇怪的地方，包括国民性、饮食、科技、寿司、爱自杀等层面，将这八个层面展开叙述，全篇图形设计统一，图表、图形文字动画有机结合，从外国人的角度体味日本的文化和内涵。

如图 2-51 所示，短片《樱绊》同样是表达日本，但是所呈现的画面风格和《奇怪的日本》截然不同，全篇以圆作为线索，贯穿每个镜头。在樱花、纸伞、和服、锦鲤、富士山、卡通等代表日本文化的图案中转换。全篇由圆开始由圆结束，首尾呼应，一气呵成。

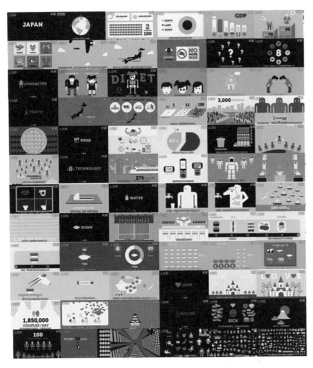

图 2-50

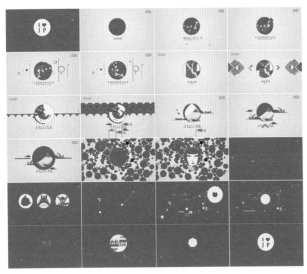

图 2-51

2.4　利用 Flash 软件绘制图形

2.4.1　位图和矢量图

　　从图像的成像方式来看，图像可分为位图图像（即点阵图）和矢量图像。

　　位图图像：当编辑位图图像时，修改的是像素，而不是对象和形状。而当图片放大时，每个像素点都被放大，很容易出现锯齿效果。位图图像是高清晰度和色彩变化丰富的图像，可以逼真地反映自然界的景象，但是文件较大而且在进行放大、缩小和旋转时容易失真（图 2-52）。

　　矢量图像：矢量图像也叫向量图像。它是以数学公式计算方式来记录图像内容的，以线条和几何形为主。例如，画一段圆弧，实际上电脑记录的只是圆弧的数据，也就是圆心和圆弧两个端点的坐标、弧度，以及线条的粗细和色彩等，该类文件所占的存储空间很小，很容易进行放大、缩小和旋转等操作，并且不会失真。缺点是不易制作色彩丰富或者色彩变化太快的图像（图 2-53）。

　　在 Flash 中可以直接绘制矢量图，也可将位图导入 Flash 中。Flash 不能直接对位图进行编辑，但可以在 Flash 中将位图转换为矢量图，再进行编辑。

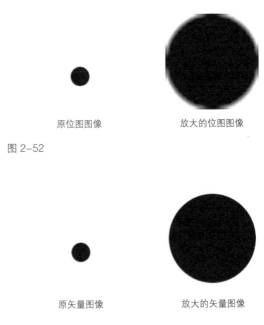

原位图图像　　　　放大的位图图像

图 2-52

原矢量图像　　　　放大的矢量图像

图 2-53

2.4.2　Flash 图形的绘制

2.4.2.1　绘制图形对象

　　绘图工具区：

使用工具栏中的绘图工具，可以创建各种基本形态的图形对象，如直线、矩形、圆形等几何图形。这些绘图工具依次包括钢笔工具 ⬧、文本工具 **T**、线条工具 ＼、矩形工具 ▢、铅笔工具 ✎、笔刷工具 ✏、Deco 工具 ✐。

点击钢笔工具右下角的黑色三角，弹出下拉工具菜单，包括：添加锚点工具、删除锚点工具、转换锚点工具（图 2-54）。

点击矩形工具右下角的黑色三角，弹出下拉工具菜单，包括：矩形工具、椭圆工具、基本矩形工具、基本椭圆工具、多角星形工具（图 2-55）。

2.4.2.2　绘制基础

1. 轮廓与填充

在 Flash 中绘制的图形是由轮廓和填充两部分组成的（图 2-56），绘制图形时可以在属性面板中设置和修改图形的轮廓颜色、粗细、样式及填充颜色等属性。工具栏上的颜色区（图 2-57）可设置轮廓和填充的颜色。

✎ 笔触颜色：设置轮廓颜色，单击可弹出轮廓颜色选择面板。

▣ 填充颜色：设置填充颜色，单击可弹出填充颜色选择面板。

▤ 黑白填充／交换颜色填充：黑白填充将轮

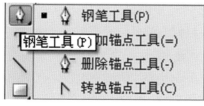

图 2-54

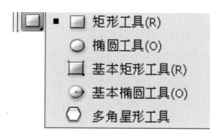

图 2-55

由轮廓和填充组成的图形　　只有填充组成的图形　　只有轮廓组成的图形

图 2-56

图 2-57　工具栏上的颜色区

廓和填充颜色设置为默认的黑白色。交换填充可以将轮廓和填充颜色对调。

2. 绘制模式

在 Flash 中，可以使用不同的绘制模式和绘画工具创建几种不同种类的图形对象。这些图形对象各有利弊。合并绘制模式：绘制模式重叠的形状时，会自动进行合并。当绘制在同一图层中互相重叠的形状时，最顶层的形状会截去在其下面与其重叠的形状部分。因此，绘制形状是一种破坏性的绘制模式。例如图 2-58 中，如果绘制一个圆形并在其上方叠加一个较小的圆形，然后选择较小的圆形并进行移动，则会删除第一个圆形中与第二个圆形重叠的部分。当形状既包含笔触又包含填充时，这些元素会被视为可以进行独立选择和移动的单独的图形元素。

使用合并绘制模式创建的形状在叠加时会合并在一起。选择形状并进行移动会改变所覆盖的形状。

对象绘制模式：创建称为绘制对象的形状。绘制对象是在叠加时不会自动合并在一起的单独的图形对象。这样在分离或重新排列形状的外观

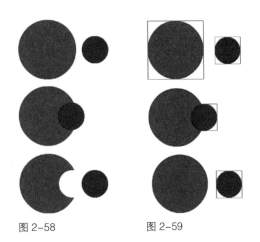

图 2-58   图 2-59

时，会使形状重叠而不会改变它们的外观。Flash
将每个形状创建为单独的对象，可以分别进行处理（图 2-59）。

使用对象绘制模式创建的形状保持为单独的对象，可以分别进行处理。

3. 重叠形状

在合并绘制模式下绘制一条与另一条直线或填充形状交叉时，线条会在交叉点被分割，填充区不会被线条分割。

图 2-60 所示为，一个填充、一条线段穿过的填充、分割形成的三条线段①。

图 2-60

2.5 Flash 软件中图层和帧的使用

与胶片一样，Flash 也将时长分为帧。Flash
动画是通过对帧的编辑并配合图层的使用对想要达到的动画效果进行编辑和组合来实现的。

2.5.1 时间轴

时间轴用于组织和控制一定时间内的图层和

帧中的文档内容。图层就像堆叠在一起的多张幻灯胶片一样，每个图层都包含一个显示在舞台中的不同图像。时间轴的主要组件是图层、帧和播放头。文档中的图层列在时间轴左侧的列中。 每个图层中包含的帧显示在该图层名右侧的一行中。时间轴顶部的时间轴标题指示帧编号。 播放头指示当前在舞台中显示的帧。 播放文档时，播放头从左向右通过时间轴。

如图 2-61 所示，为部分时间轴：A. 播放头，B. 空关键帧，C. 时间轴标题，D. 引导层，E. 弹出菜单，F. 逐帧动画，G. 补间动画，H. 预览时间轴滑块，I. "绘图纸" 按钮，J. 当前帧指示器，K. 帧频指示器，L. 运行时间指示器。

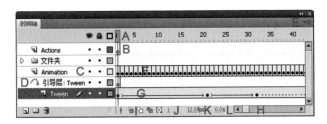

图 2-61

2.5.2 使用帧

在时间轴中，使用这些帧来组织和控制文档的内容。在时间轴中放置帧的顺序将决定帧内对象在最终内容中的显示顺序，也就是说 Flash 播放时是按照帧的前后位置顺序播放的。

2.5.2.1 帧

帧是 Flash 影片的最小单位，在 Flash 中，动画是由帧组成的。Flash 默认的影片是每秒 12 帧，可以通过修改 Flash 文档属性中帧频的数值来设置影片每秒播放的帧数。帧数越高，即每秒播放的帧数越多，则影片就越流畅。

Flash 中的帧分为以下几种类型：

(1) 关键帧（快捷键 F6）■：其中的新元件实例显示在时间轴中。关键帧也可以是包含

---

① 当在填充图形和线条上涂色时，底下部分就会被上面部分所替换，同种颜色的颜料就会合并在一起，不同颜色的颜料仍保持不同。

ActionScript 代码以控制文档的某些方面的帧。还可以将空白关键帧添加到时间轴作为计划稍后添加的元件的占位符，或者显式将该帧保留为空。

（2）属性关键帧是这样一个帧，可在其中定义对对象属性的更改以产生动画。Flash 能补间，即自动填充属性关键帧之间的属性值，以便生成流畅的动画。通过属性关键帧，不用画出每个帧就可以生成动画，因此，属性关键帧使动画的创建更为方便。包含补间动画的一系列帧称为补间动画。

（3）补间帧是作为补间动画的一部分的任何帧。

（4）静态帧是不作为补间动画的一部分的任何帧。

在时间轴中排列关键帧和属性关键帧，以控制文档及其动画中的事件序列。

2.5.3　使用图层

Flash 中的每一个场景都可以包含任意数量的时间轴图层。使用图层和图层文件夹可组织动画序列的内容和分隔动画对象。将动画放置于不同的图层中便于编辑和修改。在时间轴中，Flash 在任何预先存在的图层之间插入这些新图层。这样，Flash 可保留舞台上所有图形对象的原始堆叠顺序。

2.6　利用 Flash 软件创建动画

在 Flash 软件中，动画的创建方式主要有三种：代码动画、补间动画和逐帧动画。补间动画包含动画补间和形状补间两种。通过结合使用这几种动画制作方法可以创造出丰富多彩的 Flash 动画效果。

2.6.1　创建逐帧动画、动作补间动画、形状补间动画

2.6.1.1　创建逐帧动画

逐帧动画在每一帧中都会更改舞台内容，它最适合于图像在每一帧中都在变化而不仅是在舞台上移动的复杂动画。使用逐帧动画虽然可以创建出细腻、复杂的动画效果，但是生成的动画文件比较大，而且工作量也比较大。

如图 2-62 所示，为猩猩走步的逐帧动画，制作步骤如下：

（1）单击一个图层名称使之成为活动图层，然后在该图层中选择一个帧作为开始播放动画的帧。

（2）如果该帧还不是关键帧，请选择"插入"→"时间轴"→"关键帧"，或点击帧右键将该帧转换为关键帧。

（3）在序列的第一个帧上创建插图，可以使用绘画工具或者导入一个文件。

（4）若要添加内容和第一个关键帧内容一样的新关键帧，请单击同一行中右侧的下一个帧，然后选择"插入"→"时间轴"→"关键帧"，或者按下 F6 创建关键帧。

（5）若要测试动画序列，请选择"控制"→"播放"或单击"控制器"（"窗口"→"工具栏"→"控制器"）上的"播放"按钮。

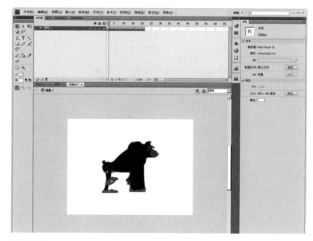

图 2-62

2.6.1.2　创建动作补间动画

动作动画补间（又叫传统补间动画）主要用于创建位移、缩放、旋转等与运动相关的动画，以及颜色、亮度、透明度等发生变化的动画。利用动画补间生成的动画，如果需要改变，只需要修改起始

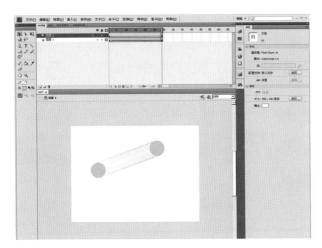

图 2-63

帧和结束帧的内容，中间的动画过程 Flash 会自动
生成。创建传统补间动画的步骤（图 2-63）如下：

（1）在同一图层中创建两个关键帧，一个作
为动画的起始帧，另一个作为动画的结束帧，然
后在两帧上放置对象内容，如文本、图形等。

（2）创建传统补间动画，在开始帧和结束帧
之间选择任意一帧，点击右键菜单中的"创建补
间动画"命令。创建成功的动画补间将显示为图
2-64 所示蓝色背景的黑色箭头，若没有创建成功
的动画补间则以蓝色背景的虚线表示。

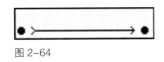

图 2-64

图 2-64 中带有黑色箭头和蓝色背景的起始关
键帧处的黑色圆点表示传统补间。

2.6.1.3　创建形状补间动画

形状补间动画可以用于创建动画对象形状发
生变化的动画。这里需要注意的是，在创建形状
补间动画时需先将图形、文本对象打散为形状，
快捷键为 Ctrl+B。创建形状补间动画的步骤（图
2-65）如下：

（1）在同一图层中创建两个关键帧，一个作
为动画的起始帧，另一个作为动画的结束帧，然
后在两帧上放置对象内容，如文本、图形等。

（2）创建形状补间动画，在开始帧和结束帧

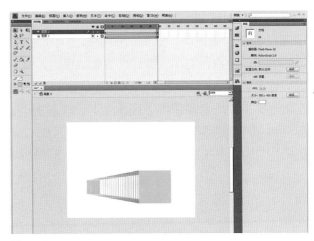

图 2-65

之间选择任意一帧，点击右键菜单中的"创建形
状补间动画"命令。创建成功的动画补间将显示
为图 2-66 所示。

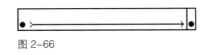

图 2-66

图 2-66 中带有黑色箭头和淡绿色背景的起始
关键帧处的黑色圆点表示补间形状。若没有创建
成功的动画补间则以淡绿色背景的虚线表示。

2.6.2　创建引导层动画

在 Flash 中，除了可以使对象沿直线运动外，
还可以沿某种特定的轨迹运动，图 2-67 中，瓢虫

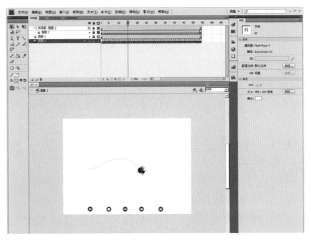

图 2-67

沿导线运动，这种使对象沿指定路径运动的动画可以通过添加引导层来实现，步骤如下：

（1）绘制瓢虫，使用传统补间动画方法制作一个普通的对象位移动画。

（2）通过单击时间轴上的"添加运动引导层"按钮或点击图层再点右键选择"添加传统运动引导层"。

（3）在引导层中使用钢笔、铅笔、线条等工具绘制一条运动引导线。

（4）将位移动画起始帧中的对象拖到引导线的起始端，使其中心对准到引导线的起始端点上，再将结束帧中的对象拖到引导线的结束端，使其中心对准到引导线的结束端点上。

（5）单击补间动画的任意一帧，在"属性"面板中设置该运动引导动画的运动方式。如果勾选了"调整到路径"复选框，可以使对象的运动方向与引导线的方向相吻合。

（6）新建一层，再绘制一条相同形状的导线轨迹（虚线），制作逐帧导线擦除动画。

2.6.3　创建遮罩动画

Flash 遮罩动画可以制作一些特殊的动画效果，如聚光灯照射、淡入淡出、文本动画等。遮罩动画需要至少两个图层来完成，即遮罩层和被遮罩层。遮罩层位于被遮罩层的上方，被遮罩层智能显示被遮罩层上的图形所覆盖的部分。图

2-68 所示为模拟转动的地球，图层 7 是图层 map 的遮罩层，在图层 7 中绘制一个圆形，则图层 map 在圆以外的部分不显示，图层 map 只显示被圆形所覆盖的内容，步骤如下：

（1）首先选择需要被遮罩的图层，并在该层上绘制世界地图，制作移动动画。

（2）单击时间轴上的新建图层按钮，在选定图层 map 上方新建一个图层（图层 7），在该层中绘制遮罩形状和地球相同大小的圆形。

（3）右击新建图层（图层 7），在弹出的右键菜单中选择"遮罩层"命令，将图层转换为遮罩层。

（4）在两个图层下方新建图层，绘制有渐变的圆形，模拟立体的地球。

2.7　Flash 软件动态 Logo 制作实例

对于 Logo 来说，图形设计尤其重要，如前面所述，Logo 设计一般由图形和文字组成，精美的标识具有较强的辨识度，图形和文字的协调设计提升了 Logo 的美感和品质。下面列举鲁迅美术学院学院奖标识动态设计实例详细讲解动态 Logo 的制作过程。

绘制 Logo 图形 / 动态 Logo 制作

制作动态 Logo 首先从绘制静态图形开始，具体步骤（图 2-69）如下：

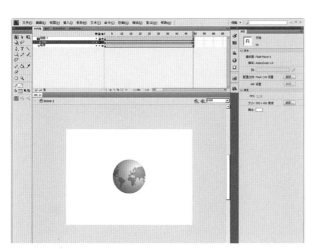

图 2-68

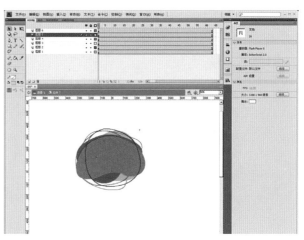

图 2-69

（1）将 Logo 图形拆分，新建不同的元件，进入每一个元件中分别制作元件变形动画（例如元件 3）。新建元件 7，将这些制作好的元件拖入元件 7 中，制作图层间动画透叠效果，选择属性面板／色彩效果／样式为"高级"，显示选择"变暗"。

（2）制作文字动画，新建元件 11，插入元件 7，制作图形位移动画。插入文字元件，配合图形位移动画同时制作文字位移动画。

（3）新建一层，将元件 11 拖入到场景一中，再新建一层，将制作好的 Enter 按钮放入，这样这个具有交互性的 Flash 动态 Logo 便制作完成了（图 2-70）。

图 2-70 中，上图为 Flash 动态 Logo 最终的效果，被应用在网站导入页中，下图为学院奖网站最终效果。整个网站都围绕 Logo 图形展开设计，统一、完整。

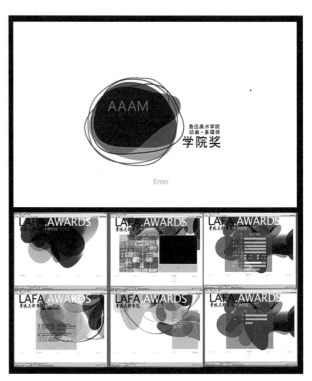

图 2-70

第 3 章　Flash 动态设计

3.1　Web 平台交互的特征概述

近二十年来，随着网络技术的发展、完善而产生的 Web 平台，得到互联网络浏览的基本支撑，尤其是依托有线网络，甚至是高速无线网络的迅猛发展，使信息传播的时效性得以提升，使信息传播业发生了一场深刻的变革。互联网络作为一种普及的全新大众传媒，具有迅捷、时效、价廉、交互性好、传播面广的特点，为视觉传达设计的传播提供了良好的展示平台。同时，基于互联网络传播的视觉传达设计，在设计上也会受到互联网技术平台的制约。基于 Web 平台的设计同其他设计学科一样，需要掌握相关学科的设计思路，为客户带来利益的订制服务，需要理解特定的平台，是一种解决问题的方法和过程。网页设计的关键在于怎样在人类和技术之间创建一个有效的界面，也就是向人们指示完成某种任务的路径，以及提供那些帮助人们实现对他们富有意义目标的信息。

互联网是有史以来影响人类生活面最广、最容易产生互动的新科技，它改变了人们的思考方式，从以前的线形思考到现今的网状思考，由一体通用到量身定做，从单向沟通到双向沟通，从实体到虚拟，这皆是互联网的互动特性所带来的新特性。

互动的设计更会引起受众的兴趣，满足人们的参与感。受众不再仅仅是信息的接受者，他们拥有更大的选择自由和参与机会，例如可以对网上的某些信息作出自己的反应，并将其加入到网络媒体当中，反过来又成为互联网信息的一部分。

3.1.1　客户研究与用户体验

设计师应构建"成功令人满意的体验"：对用户来说，设计的目标是带来"成功且令人满意的体验"，成功就是指用户能高效地完成任务，令人满意是指这一过程是愉快的，而不仅仅是满足功能性需求，这种愉快可以表现为视觉上的愉悦、审美的享受。

用户需求是"扫描，满意即可"，在用户浏览网页时并不会盯着每个网页，仔细地阅读每一条文字信息，领会设计师组织页面的方式，而只是点击第一个令他们感兴趣的或者大概符合他们寻找目标的链接。通常，页面上的很多部分他们看都不看。

3.1.1.1　了解客户

（1）了解客户组织：了解客户从事的市场或部门的起源和发展动力；他们的客户、合作伙伴及供应商；他们的主要经营产品和生产流程；当前和将来可能存在的竞争者；影响或可能影响他们业务的全球经济动向或社会动向等。

（2）了解企业形象及品牌：客户现有的企业形象和品牌应当成为设计方案的条件和出发点；企业形象向用户传递着关于公司的业务发展方式与方向的信息；品牌则围绕着企业提供的产品和服务，满足客户需求，树立品质保证。

如图 3-1 所示，从产品手册，到产品包装、网站都将"RG"Logo 放在重要位置，强化品牌形象。

如图 3-2 所示，为新加坡 Axisparts 企业的品牌设计，统一的色彩贯穿整个设计体系，具有很强的品质感。

如图 3-3 所示，为 SONY 公司的在线音乐俱

图 3-1

图 3-2

图 3-3

乐部，左上角折线形的 Logo 形象从造型到色彩很好地贯穿于全站的设计中，统一而富于变化。

（3）分析：对这些搜集的信息进行分析后，找到方法合理定位，将自己置于不同的用户群之上。

3.1.1.2　关注用户和用户体验

人物描述与用户研究："人物描述"聚焦于用户及其目的的描述。任务是理想化用户的勾勒和描述，形式特征包括名称、图片、职业描述、年龄、电脑水平及了解产品的途径、目的等——设定虚拟用户。对使用者的研究可以预计具体的使用过程，了解用户的操作行为，这里的用户群体受到年龄、性别、职业、上网方式，及电脑和网络技术水平的限制——研究实际用户群。例如，给老年人用户群服务的网站文字是否考虑要大些，距离是否需要调整，是否需要在关键信息处增设放大镜功能，并用特殊颜色标记等。

作用户分析时首先应该了解对网站某一产品模块有需求的用户具备的重要特征，比如想了解购物搜索需求的用户，这时年龄、学历、性别、收入、婚姻状况、消费能力、信息获取方式、上网条件等可能都是需要调查和了解的具有参考价值的数据。但这其中哪些方面是比较重要的呢？比较分析后可以知道，年龄、收入、上网时间、上网条件都不是最重要的，重要的是"消费能力、信息获取方式、决定购买的因素"这几个因素。因为这些方面的数据可以使我们有效地了解用户的行为逻辑和需求。

3.1.2　客户品牌与网站构想

在进行网站构想前要根据客户品牌的经营范

围和产品性质对其网站进行明确的定位，具体地说是指设计者要表现的主题和要实现的功能。站点的性质不同，设计的任务也不同。

网站页面的种类：目前互联网中的网站类型主要有科技类网站页面、企业展示类网站页面、咨询类网站页面、健康类网站页面、社区类网站页面（论坛）、美容时尚类网站页面、游戏类网站页面、影视类网站页面、电子商务类网站页面、休闲旅游类网站页面等。

图 3-4 所示为企业展示类网站页面，将企业的文化和业务展示在首页。

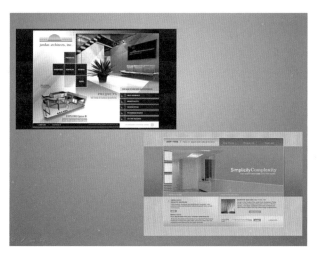

图 3-4

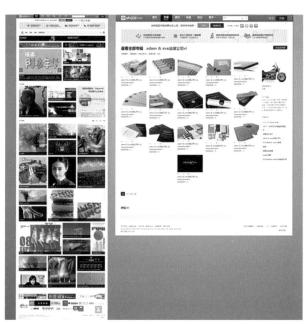

图 3-5

图 3-5 所示为资源分享类网站视觉中国，将首页以图片区作为主体，体现分享特征。

3.1.3　Web 界面设计概述

界面设计是信息体系建设、交互和可视化设计及导航系统设计的整合。

（1）界面的视觉设计——根据客户的企业网站的色彩风格，规定出几个标准色彩及搭配方式。还要制作出符合企业特点的 Logo，设计出一套网站总的版式框架（首页、一级内页、二级内页、三级内页、独立内页、搜索内页等）。

（2）界面功能设计——易用性设计。要注意使用有用而且有趣的元素，要注意所做的一切都要和网站内容有关，不要使用无关的图片文字以追求技术效果。

3.1.3.1　界面的视觉设计

1. 网页的视觉设计按内容分类：

（1）视听元素：主要包括文本、背景、按钮、图标、图像、表格、颜色、导航工具、背景音乐、动态影像等。

（2）版式设计：所谓网页的版式设计，是在有限的屏幕空间上将视听多媒体元素进行有机的排列组合，将理性思维个性化地表现出来，是一种具有个人风格和艺术特色的视听传达方式。它在传达信息的同时，也产生感官上的美感和精神上的享受。

2. 网页设计的"动静"节奏也可分为动态设计、静态设计

（1）动态设计：包括动态的广告、loading 的导入动画、banner 条、Gif 动画、视频、Flash 动画等。

（2）静态设计：文本段落设计、Logo 设计、图形图像设计等。

3.1.3.2　版式设计综述

版面布局的平衡性体现在四个方面：留白、颜色、文字和节奏。留白也体现了对节奏的把握，节奏从排版上可归纳为集中和分散。节奏运用给人的感觉可概括为紧张、松弛、宁静、躁动。在

网站设计中，针对"点、线、面"等元素，以集中或分散进行的排列差异变化将直接影响到用户在视觉及心理上的宁静与躁动。

总的来说，整个网站的版式格调是在统一中寻求变化的，第一页（导航页）的版式以及下级页面的安排基本上是从一而终，统一在一种格调中，这样才能构成阅读时的顺畅，形成界面整体的风格。

但是，统一并不代表一成不变，而是在统一中寻求变化，如果一个网站有较为复杂的层级页面，怎样拓展设计是关键。还要注意的是，要根据站点地图规划好不同内容页面的区分（比如用颜色区分、用文字版面的不同区分、用动静区分等）。导航位置虽有变化，但相同的动态处理方式起到了联系作用。

如图 3-6 所示，该网站导航位置虽有变化，但相同的动态处理方式起到了联系作用，整个网站和谐统一，具有意境美感。

网页色彩的搭配：色彩代表了不同的情感，有着不同的象征含义。这些象征含义是人们思想交流当中的一个复杂问题，它因人的年龄、地域、时代、民族、阶层、经济地区、工作能力、教育水平、风俗习惯、宗教信仰、生活环境、性别差异而有所不同。但每一种颜色也有它特定的含义。

图 3-7 所示为网页中色彩的设计——冷暖调。在这其中可运用主色调的对比色和互补色强调重要信息，或者作为连接提示。

网页配色中，忌讳的是：

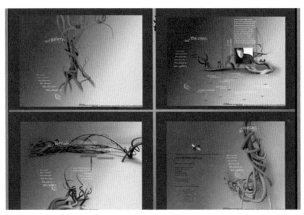

图 3-6

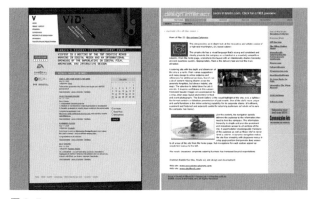

图 3-7

（1）一个网站中的色彩不要过于混乱，根据网站的主题内容定义色彩体系，在统一中找对比（体系化）。

（2）背景和前文的对比尽量要大（尽量不要用花纹繁复的图案作背景），以便突出主要文字内容。

3.1.3.3　界面的功能设计

界面的功能设计也可以说是产品设计，决定了整个网站的核心竞争力。好的产品设计可以为互联网用户提供新的交流、沟通的方式，甚至可能改变用户的某种工作或生活习惯等。产品设计中真正的难点在于"引导设计"，用户的需求从来都不是创造出来的，他们一直有着这样、那样的需求，需求需要在产品设计中作充分的引导来挖掘。在页面布局中应合理地安排产品的框架，使界面服务于产品，引导用户更好地使用和推广。

3.1.3.4　网页设计原则

1. 主题鲜明

视觉设计表达的是一定的意图和要求，有明确的主题，并按照视觉心理规律和形式将主题主动地传达给观赏者。要求视觉设计不但要单纯、简练、清晰和精确，而且在强调艺术性的同时，更应该注重通过独特的风格和强烈的视觉冲击力，来鲜明地突出设计主题。

网页艺术设计与网站主题的关系：首先，设计是为主题服务的；其次，设计是艺术和技术结合的产物，就是说，既要"美"，又要实现"功能"；最后，"美"和"功能"都是为了更好地表达主题。

2. 形式与内容统一

设计的内容就是指它的主题、形象、题材等要素的总和，形式就是它的结构、风格或设计语言等表现方式。内容决定形式，形式反作用于内容。

形式与内容的统一包括以下几点：

(1) 统一的导航形态及位置；

(2) 统一的色彩、位置；

(3) 统一的前进、后退、向上、向下的指示形态；

(4) 统一的图形风格。

3. 强调整体

设计时强调其整体性，可以使浏览者更快捷、更准确、更全面地认识它、掌握它，并给人一种内部有机联系、外部和谐完整的美感。整体性也是体现一个站点独特风格的重要手段之一。

3.2 Web 平台的交互动画

3.2.1 Icon 图标及按钮

我们所探讨的是特定的图标概念，主要指在计算机软件方面的应用。例如，我们观察自己面前的电脑，电脑操作系统界面上的图标有软件的标识，有数据类型的标识，有管理形式的标识；软件界面中的图标是各种功能操作的标识；网页界面中形式不一的图标是获得各种信息的标识等。我们所学图标概念是具有明确指代含义的电脑图形，是指数字化信息传达中，为使人机界面（user interface）更加易于操作，更加体现出人性化的操作环境，而设计出的标识特定功能的图形标志。图标由相应的具有指代意义的图形符号来进行视觉传达。它具有高度浓缩并快捷传达信息、便于记忆的特性。

如图 3-8 所示为 Adobe 公司所推出的系列软件图标。

3.2.1.1 图标 Icon 的分类

主要的分类有：程序标识类图标、数据标识类图标、命令功能类图标，其他的如：模式信号或切换开关、状态指示等。

Photoshop CS2
Illustrator CS2
InDesign CS2
GoLive CS2
Photoshop CS
Illustrator CS
InDesign CS
GoLive CS
Photoshop 7
Illustrator 10
InDesign 2
GoLive 6

图 3-8

3.2.1.2 图标 Icon 的尺寸与规范

Windows 操作系统为操作界面制定了界面设计规范，图标设计是界面设计中非常重要的部分，因而在进行图标设计制作时要严格遵循 Windows 界面设计规范中的图标设计规范。

Windows 规范的图标尺寸有四种：48 像素 ×48 像素、32 像素 ×32 像素、24 像素 ×24 像素和 16 像素 ×16 像素。现在，在图标设计中甚至出现 128 像素 ×128 像素的图标。通常情况下建议使用以下三种尺寸：48 像素 ×48 像素、32 像素 ×32 像素、16 像素 ×16 像素（图 3-9）。

手机界面的图标尺寸：这里以安卓系统为例，由于手机屏幕尺寸和分辨率的不同，图标的精度和大小也略有区别，常见的尺寸为 Full Asset:36 像素 ×36 像素、Icon:30 像素 ×30 像素、Square Icon:28 像素 ×28 像素。

表 3-1 所示为安卓手机的图标尺寸。

常规的图标尺寸
“开始”菜单右侧的图标显示为24 × 24 像素大小
工具栏图标，Windows 标准尺寸为24 × 24 和 16 × 16 像素

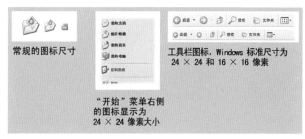

图 3-9

表 3-1

Icon Type	Standard Asset Sizes(in Pixels),for Generalized Screen Densities		
	Low density screen(ldpi)	Medium density screen(mdpi)	High density screen(hdpi)
Launcher	36 像素 ×36 像素	48 像素 ×48 像素	72 像素 ×72 像素
Menu	36 像素 ×36 像素	48 像素 ×48 像素	72 像素 ×72 像素
Status Bar	24 像素 ×24 像素	32 像素 ×32 像素	48 像素 ×48 像素
Tab	24 像素 ×24 像素	32 像素 ×32 像素	48 像素 ×48 像素
Dialog	24 像素 ×24 像素	32 像素 ×32 像素	48 像素 ×48 像素
List View	24 像素 ×24 像素	32 像素 ×32 像素	48 像素 ×48 像素

图 3-10

图 3-10 所示为手机界面的图标。

3.2.1.3 图标设计的原则

我们以操作系统界面和应用软件界面常用的图标为主来学习图标的创意设计。这些图标有规范的尺寸和明确的功能性要求。

图 3-11 所示的图标，基本涵盖我们所经常用到的：程序标识类图标、数据标识类图标、命令

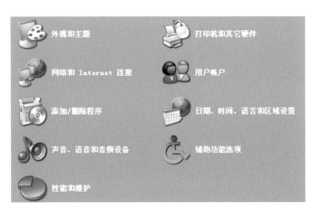

图 3-11

选择类图标、系统管理和文件管理类图标等图标类型。

从这些图标来看，它们都有很明显的共性：首先，功能表述形象化，准确地传达出图标所具有的特定功能内涵，视觉形象通俗易懂，极少出现生涩、难以理解的抽象符号。其次，可识别性强，图标形象造型和色彩具有很强的视觉感染力。

那么，就可以从这些共性特征入手，掌握基本的图标设计方法。

1. 图标创意设计思想的确立

1) 逻辑思维与形象思维结合的思维方式

运用逻辑思维与形象思维相结合的方式对图标所表达的功能意图进行深入透彻的思考。运用逻辑思维缜密地思考图标的使用目的，要实现什么样的功能，结合这种思考再运用形象思维方式来决定采用什么样的外观造型准确地反映出图标使用的本质。

实际上这种思维方式的确立，就是通过对图标对象的透彻分析，找出其功能的本质要点，准确地提炼出功能内涵，将其自然贴切地转换成可视的形象。

2) 隐喻的运用

图标的创意设计虽然与传统的图形创意设计的基本方法相一致，但就图标本身的使用目的和功能独特性来说，"隐喻"的运用是图标创意设计中比较重要的思想。

隐喻原本是语言学中的一种修辞方法，通常是指借用表示某种事物的词或词组来指代他物，从而暗示它们之间的相似之处。

在日常生活中人们也常常不自觉地运用隐喻。例如，根据以往的学习经验，在接受新知识、新事物时，时常通过隐喻将其和原有的知识联系起来才能理解接受。

在人机界面中，隐喻得到广泛的使用，以人们在日常生活中熟悉的事物（喻体）来类比地解释陌生的技术环节（本体），可以增强界面功能的使用性，从而提高界面的可用性。

例如，在网上购物时，看到页面上出现的"货币"图标，很自然地会根据日常的生活经验理解为代表付款，也可理解为代表标价、打折或币种；再如，看到"购物车"图标 🛒，根据生活的经验，自然就会按照行为的习惯性利用它来进行网上购物，从而网上购物结账的技术环节也能很轻松地通过"购物车"的图标来完成。

3）具有高度的概括力

图标设计是在创造一个具有独特性的识别符号，因此，在设计时不必过分追求对其功能内容表现的面面俱到，只要准确抓住一两个主要的方面即可。因为图标的设计是在一个小小的方寸之间，过分追求功能内容的表达，反而会适得其反，导致图标朝着烦琐、复杂的方向发展，使图标失去其功能表达的明确性，丧失其凝练性，图标设计应有高度的概括力，设计者应具备高度概括的思想。

4）个性与共性的把握

图标不是孤立的图标个体，它往往形成一个庞大的图标群体分担不同的角色，但每一个图标又具有其相对的功能指向独立性。因而，在图标设计中要体现个性与共性把握的思想（图3-12）。

图 3-12

个性即图标的独特性，包含以下方面内容：

（1）造型的与众不同；

（2）表达其功能内涵所选取的独特表现形式；

（3）在操作系统或应用软件系统不断的发展更新中，该图标的设计创新始终能够精确体现出其功能性内涵。

共性即服务于某一系列软件产品或某一应用系统中的图标群所共同具有的特性，除其本身所具有的独特的视觉形式能传达其功能外，还需具备在共同的界面环境中所应有的协调性、可读性和美感（图 3-13）。共性包括以下方面内容：

Photoshop CS2　Illustrator CS2　InDesign CS2　GoLive CS2

Photoshop CS　Illustrator CS　InDesign CS　GoLive CS

Photoshop 7　Illustrator 10　InDesign 2　GoLive 6

图 3-13

（1）系列图标造型的内在联系；

（2）表现形式的一致性；

（3）图标群的设计创新要同步进行。

个性与共性是一个既对立又统一的矛盾体，处理好两者的关系，对设计好的图标有着至关重要的作用。

5）注重设计的精良制作

一个好的图标创意还必须通过高质量的精良制作才能得以实现。

2. 图标的造型表现

1）象征（抽象）符号造型

象征（抽象）符号造型是用非象形图形来表达某种事物、意义或概念，源于象形图形的抽象引申，或者某些思维习惯，如："不准驶入"的交通标志，原意是关卡的栏杆，引入到图标设计后，即可引申为禁止操作含义；同心圆或弧线象征声波或广播，是具体的水波形象抽象化，引入到图标设计后，即可引申为相关音频媒体的操作等。

如图 3-14 所示，将可回收的标识放在垃圾桶的图标中，通过对现实生活的联想很容易识别。

图 3-14

象征符号造型的图标言简意赅，独特的个性除了创造差异性以区别于其他图标外，更重要的是产生强烈的视觉冲击力和深刻印象，以使人牢牢记住图标的功能性。

2) 象形（具象）符号造型

象形符号造型是直接刻画喻体对象特征来形象地传达图标功能。例如图 3-15 中的存储盘类图标、文件夹类图标、硬件类图标、垃圾筒图标等，因其造型想象来源于真实生活，因而形象生动、

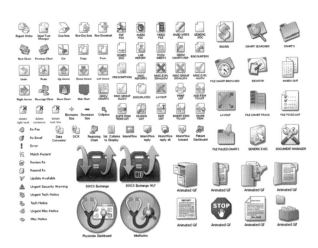

图 3-15

活泼、具体、含义清楚，少模糊性和歧义性，令人印象深刻。

这类图标的喻体源于真实的物品，形象的选择上必须是人们所共知或较熟悉的形态特征。在形成图标的过程中要经过图案化、装饰化的处理（如，加入阴影营造真实感），去除不必要的繁冗细节，保留最具特征的部分，以达到图标结构、造型的简洁。

3) 制作环境与图标文件格式

一般采用 Flash、AI、Photoshop 来制作，如果用矢量成像软件制作也要转换成点阵图像格式。

一般存储为 .png 格式。

使用诸如：Icon Maker、Iconpakage 等图标制作或图标转换软件将 .png 格式转换为图标格式 .ico。

作业：图标设计联系。

内容：选取系统管理图标和工具栏公用图标 6 ~ 9 个（图 3-16）。

图 3-16

要求：通过运用图标造型的变化与装饰、个性的色彩风格等视觉语言，遵循图标的基本创意方法来设计图标，赋予图标某种主题风格，技法表现方式不限。

文件大小：1024 像素 ×768 像素。

图标尺寸：根据文件大小选取 64 像素 ×64 像素或 128 像素 ×128 像素。

文件格式：psd 格式，含一个透明图层和背景。

文件名：Icon_ 姓名。

3．作业欣赏——学生作品（图 3-17）

4．图标欣赏（图 3-18）

图 3-17

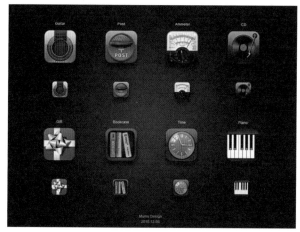

图 3-18（a）

图 3-18（b）

3.2.1.4　按钮的动态设计

网页中 JavaScript 交互按钮或 Flash 动态按钮的形式增加了页面的动态效果以及美观性。在网站中按钮是一个非常关键的元素，按钮的美观与创意也就变得尤为重要。按钮主要起两个作用：①提示性作用，通过提示性文本或者图形告诉浏览者单击后的效果和作用；②动态响应性作用，即当浏览者在进行不同的操作时，按钮能呈现出不同的效果，响应不同的鼠标事件。JavaScript 交互按钮和 Flash 按钮具有动态效果，能够增强页面的动感，传达更丰富的信息，并且可以突出该按钮与页面其他普通按钮的区别，突显其内容。

按钮中的交互动态主要有以下几种。

1．按钮放大式动态

交互式按钮可以达到一种效果：当把鼠标放在按钮上时，按钮的颜色会发生非常漂亮的渐变变化，或形状上产生变大、缩小的效果。鼠标离开按钮后又恢复原状，当然，在鼠标点击按钮后，按钮的颜色变化与大小变化就是静止停放在界面上，并做到很好的区分（图 3-19）。

2．按钮翻转式动态

网站按钮的另一种效果是翻转，在鼠标点击时，按钮会像扑克牌一样翻转，呈现出不同的效果，颜色和样式也都会变化，在点击时添加了按钮的动态，或上、或下地跳转，使得点击后的按钮与其他按钮作出明显的区分（图 3-20）。

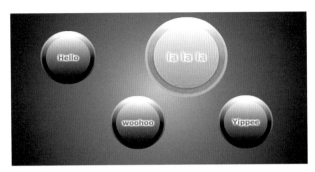

图 3-19

图 3-20

3. 按钮立体式动态

随着网络技术的发展，在按钮中也运用了立体效果。在按钮投影和点击后以状态的变化来体现。颜色的变化是一种传承下来的按钮点击状态的效果，在其基础上，设计师又添加了立体效果，在点击按钮后，按钮会出现弹跳、立体翻转和破裂效果，相比之下，这种立体式动态更多地增加了人机交互的效果，点击后状态也更加明显，Flash 小动画特效也增加了趣味性，不放过网站的每一个小点（图 3-21）。

图 3-21

3.2.2 导航

导航：导航是网站的"中枢"，就像书籍中的

目录页一样，通过导航能够了解整个网站的信息架构、分类，帮助用户明确地定位。

如图 3-22 所示，整个网站的主题是极具设计感的导航区，右侧的区域随着点选导航栏中的栏目不同而产生相应的变化，比如图片浏览等。导航的色彩鲜艳，与大面积的灰色形成鲜明对比。明快的色彩有效地引导用户的视线。

1. 导航系统应当清晰，激活方式必须简单易学

它要为用户提供对于网站包含的信息、特点及其目标的大致认识。还要反映这部分内容的性质并显示该区域在整个站点中的位置。

分级式结构是网络中对信息的典型组织方法。一个多级的网站界面将对用户能否顺利找到他们需要的信息产生重要的影响。与直接进入首页相比，更多的人是通过搜索、E-mail 或广告链接到达某个页面的。这里一个十分重要的因素是，导航系统应当显示页面信息所处的范围和环境，以

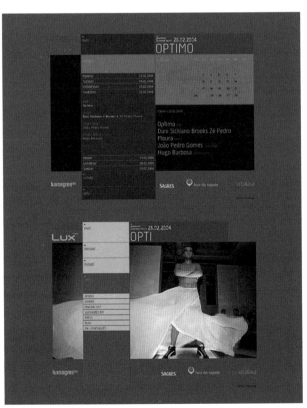

图 3-22

帮助人们衡量和确定其关联性。

2. 导航系统能够指示位置

当系统无法进一步引导用户时，理想的方式是能够帮助用户从新定位。例如，将组织结构的标识设定为回到首页的链接。

导航系统设计的关键在于了解用户在任何一个既定位置上的信息需求量是多少，并不是一次提供的可能性越多越好，重要的是要让用户了解：他们在哪里？他们去过哪里？他们能够去哪里？他们的目标是远是近？

指示当前位置几种办法：

（1）在导航条中标记当前页的项目。

例如：当前页项目在颜色上区别于其他项目；当前页项目的文字信息处于被激活状态（颜色有别于其他项目文字）。

（2）在页面内容顶部附近设置显著的页面标题，这样用户就能清楚地识别当前页面及位置。

如图 3–23 所示，横向的主导航区通过栏目的文字和区块色彩的不同标明了"realone guide"栏处在被激活状态，下面用黄色的区域和巨型的标题文字"MUSIC"标明所在页面位置。再看页面左侧的纵向次级导航中的"music"栏目已经展开，栏目区块呈白色，文字呈褐色，与其他未被点击的栏形成色彩的对比，导航层次清晰。

图 3–24 所示为包豪斯的网站，首页中心区为该页面主导航，由文字和图片组成。次级页面，网站运用彩色引导线终止的位置提示用户所在页面，在左侧的二级导航区，首页的导航图标提示用户所处位置，并用白色的箭头标明在二级菜单的具体位置。设计简洁、巧妙。

3. 导航分类

导航包括：主导航、辅助导航、本地导航和上下文导航。

1）主导航／全局导航

（首页导航系统）由贯穿整个网站的导航元素组成，一般是图形连接，也可以是文字连接，或二者都有。常放在页面顶部或左侧。主要区分不同信息区域，使网站从视觉感受到组织逻辑都显

图 3-23

图 3-24

得清晰明了。主导航设计要求清晰和易于理解，保持一致性（包括形态与位置），一定要有当前位置指示。主导航区域设置在显而易见的地方，将导航区域中的项目合理地分组，保证相同的项目相邻。

主导航一般包含这样几个部分：站点的 ID，栏目（一般显示第一级导航项目，下一级栏目往往在鼠标移至一级栏目上方时显示）。主导航的排列方式和交互形态也多种多样。

如图 3-25 所示，学生作业中对首页只做了导航设计（图片的上部分大图区域），主导航设计极具个性化，图形和线条配合，构成形式美感。

图 3-26

图 3-27

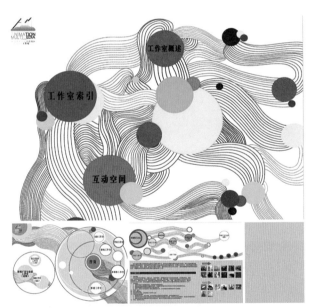

图 3-25

2）本地导航／局部导航

次级页面导航系统的主要作用是执行主导航下内部内容之间的互相转换。本地导航与主导航是一致的，但它又是变化的，这种变化主要是位置的变化（图 3-26）。

如图 3-27 所示，刘希冉的作业中，将主导航区域放在页面的顶端，页面底部的本地导航介绍了首页的相关内容链接，这种处理本地导航的方式比较个性化，转盘式的动态增添了交互情趣。

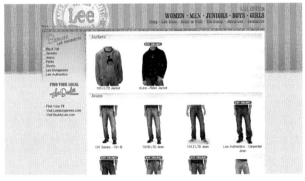

图 3-28

如图 3-28 所示，该网页顶端横向为网站主导航，页面左侧为本地导航，引导用户点击进入三级页面中。这种页面顶端放置主导航，左侧放置本地／次级导航的做法在网站中最为常见。

3）上下文导航

内文锚记系统的相关背景知识导航，可以使用户在相关内容范围内浏览。比如：TOP 按钮—返回顶部的锚记导航。

如图 3-29 所示，该网页中的上下文导航在页面右下角白色的图标为返回顶端的 Top 标记。

4）辅助导航

指站点地图、内容清单以及索引等导航形式，

图 3-29

它的目的是给用户更多的帮助，使他们更自由地进入网站的每一个内容组。例如，回到主页的方式（首页链接），搜索的方式，实用工具（比如帮助、站点地图、购物车），发布者的信息（例如，"关于我们"、"联系我们"）等，一般放置在主导航附近。

　　图 3-30 所示为三里屯 VILLAGE 网站，地图式的辅助导航可视化地图设计直观、有效，图片的顺序是用户连续点击进入下级页面的效果，由于辅助导航和楼内的实体空间完全一致，最终能很高效地找到某一区域、某一楼层、某一位置的具体商家及介绍。

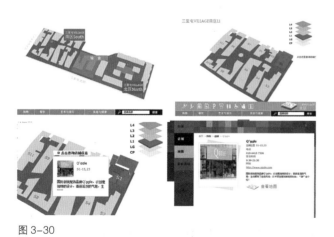

图 3-30

3.2.2.1　导航菜单的设计

　　导航的菜单设计根据网站定位、功能和信息量的不同展现的形态多种多样，这里列举比较常见的导航菜单的类型。

　　首页横向主导航：

　　常规纵向导航通常配合横向主导航试用，且在商务型、大型信息类站点主页中单独使用频率不高，通常在次级页面出现，且一定是信息内容量大、分类繁琐的站点。

　　基本导航条模式如下：

　　（1）对于信息统一、归纳性强的站点，通常会使用简单模式（图 3-31）。

图 3-31

　　（2）对于有丰富次级信息的，通常会使用以下两种模式：

　　a. 鼠标下拉（图 3-32）

图 3-32

　　b.tab 展开（图 3-33）

图 3-33

　　a 型导航预览方便快捷，b 型导航直接展开次级信息，也有站点把 a、b 模式合并的。

　　（3）特别案例，也有把所有信息都铺出来的，比如新浪网（图 3-34）。

A	A1	A2	A3	A4	D	D1	D2	D3	D4	G	G1	G2	G3	G4
B	B1	B2	B3	B4	E	E1	E2	E3	E4	H	H1	H2	H3	H4
C	C1	C2	C3	C4	F	F1	F2	F3	F4	I	I1	I2	I3	I4

图 3-34　与其说导航，不如说是归纳过的标签

导航操作性：

一个完美的导航，最基本、最重要的是随时随地，快速引导用户去相关页面，并且能及时返回，方便跳转到其他页面。有意思的是，去容易，反而找到来时路就千差万别了。

比如：用户很可能是从首页的任何一个兴趣点，误入了详情页面，去得容易，但从详情页面返回到其他模块或想去其他分支类别页面，就要仰赖导航了。为了提供必要引导，当用户进入到足够深的详细页面时，各种索引、面包屑都配合导航条应运而生了。

导航配套类型：

（1）主导航＋面包屑＋左侧纵向次级导航（图3-35）。

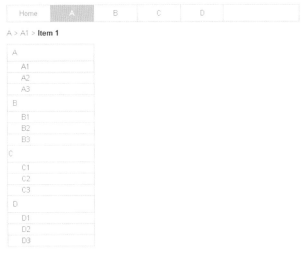

图3-35

（2）主导航（展开tab）（图3-36）。

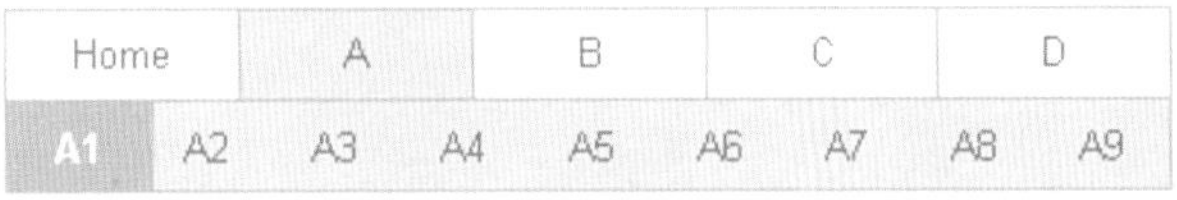

图3-36

（3）主导航（展开tab＋鼠标悬停下拉列表）（图3-37）。

分析：使用便捷性上第三种使用起来最方便，第一种基于左侧纵向导航辅助的操作是最快的，但功能方式多，且样式不统一，分类太细节化，反而在使用时觉得有点手足无措，操作时会停顿、

图3-37

犹疑。第二种没有整合下拉查看其他模块选项的效果，不如第三种灵活，但是感官上第二种更利落。

所以说，功能模块集中，操作行为更灵便，使用感觉更舒畅，减少了操作中的反复思考，停顿点更有前途。其实一个舒服的导航，除了归纳清晰，操作便捷外，还要简洁大方。不要一口气把全部底细都摊在人家面前。有的导航虽然强大，但是内容多了，功能高级了，看着也就烦了，分栏的内容量越大，用户的记忆效果越差，识别性反而降低了。这种时候，需要解套选择恐惧症：

以BBC为例，它的主页导航正如首页头条展示的信息，简单直接，只有第一级的分栏（图3-38）。

图3-38

当用户点击到感兴趣的模块后，例如进入单独的某一个二级页面（图3-39），导航才展开，信息量更大，且所在页面导航的次级信息也一并罗列。

选择什么样的导航要看站点的信息分类，同时也要从分类开始就考虑到整个站点铺开有多少点，导航才能系统化、体系化。

图3-39

3.2.2.2 菜单的动态设计

导航中的交互动态在Flash和Java技术的支

持下变化丰富，形式多变，这里列举常见的几种动态方式。

1. 折叠下拉菜单动态

这种导航的表现形式可以满足栏目结构分支众多的网站，采用的是一种面包屑的表现形式，向用户动态地展示网站导航结构，而不是将繁杂的导航一下子全抛向用户。这种导航的另一种优势是，可以添加足够多的导航，可以完整地向用户展示网站的所有栏目，而不必为导航是否繁杂而感到苦烦。

图 3-40 所示为横向导航，鼠标经过横向栏时产生下拉菜单。除了添加"收缩"、"展开"来改善导航的臃肿结构之外，还可以通过系统后台记录用户使用组件的频繁度来显示组件导航，即用户使用频繁的组件在导航中排靠前的位置，而用户很少使用甚至不使用的组件完全可以用"更多"来表达，当用户点击"更多"时才显示出全部的导航，这样不仅可以达到精简组件导航的目的，还可以带给用户更佳的使用感。

图 3-40

2. 循环滚动式动态

滚动导航，顾名思义，是以滚动的方式显示和隐藏导航。其实跟淡入淡出导航和滚动导航的原理是一样的，前者是在触发事件的时候改变导航的透明度，而后者则是改变导航的高度。那为什么后者的处理难度会比前者高呢？这正因为导航高度的处理比透明度有更高的技巧要求（图 3-41）。

图 3-41

3. 立体 3D 动画式动态

在导航中添加立体 3D 动画使得整个网站更加立体，中间穿插动画特效，能更加生动，做到与用户的交互性更加强烈（图 3-42）。

这种效果实现起来往往比较复杂，需要用到 Flash 中的 ActionScript 语言或者是 Java 等技术支持。

图 3-42

3.2.3　Loading 交互动态

3.2.3.1　片头动画／Loading 等待动画

片头动画主要有宣传广告和表达主题的动画两种，宣传广告的动画多为商业用途，是主要的盈利手段之一。表达网站主题内容的动画一般为较为简单的 Flash 动画或 Gif 动画。Loading 等待动画，是在最开始的程序缓冲阶段加入的动画，一般为单个动作的动画，比如人的行走、一个物体的显现等，动画的内容根据网站内容而定。好的片头动画可以增加网页的感染力和审美情趣，使观者轻松地沉浸其中。图 3-43 所示均为单个镜头的单一动态的 Loading 作品。

图 3-43

图 3-44 所示为环保网站《低碳 6℃》（作者曹倩），将网站主要的页面图形线索以"一条线"贯穿组成 Loading 动画，在打开网页前对网站的基本内容有了初步了解。

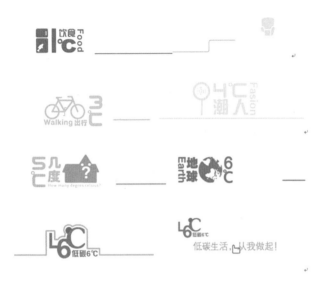

图 3-44

3.2.3.2　标题文字动画（动态字体与文本）

网页的文字标题通常以动画的形式出现，标题文字动画多为 Flash 或 Aftereffects 制作。动画的形式有文字滑入、淡入、闪白等多种。有单独的文字，也有多层组合的形态。这方面的知识在第 2 章图形文字动态中有详细介绍，这里就不再赘述。文字动画可以很好地引导读者的视线，与读者互动。有的文字动画做成按钮的形式供人点击进入相应链接。

如图 3-45 所示，动态字体可根据不同的重音产生变化，并着重强调个别字母、单词或文字，

图 3-45

然后需要进行视觉上的诠释。

3.2.4　网页动态相册

图像"播放器"是内页中的图像动态的、可交互点击的展示播放平台。比如，产品介绍的页面，产品过多的情况下不能一一平铺在页面上，那么就采取 Flash 图片集中展示播放的方式。

图 3-46 所示为 Flash 图形播放效果，下部为浏览条，鼠标移至图片区域中的某张图片，图片随即被放大，鼠标移开时，图片缩至原大小。

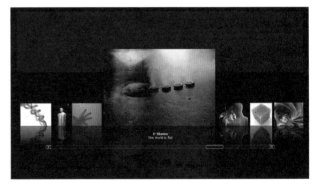

图 3-46

图 3-47 所示为常见的图片播放器，下面为图片浏览条，在上面主播放界面中显示的图片集和下面的浏览条动态相配合，标明播放到图片位置的浏览条中的小方块变大暗示播放位置。

图 3-47

3.3　Flash 软件中元件的创建与编辑

将创建好的图形对象转换为元件以便在制作 Flash 动画时反复使用和修改。

3.3.1　元件的类型及创建

根据使用目的和用途的不同,元件可以分为三种不同的类型:图形元件■、按钮元件■和影片剪辑元件■。

图形元件■可用于静态图像,并可用来创建连接到主时间轴的可重用动画片段。图形元件与主时间轴同步运行。交互式控件和声音在图形元件的动画序列中不起作用。

使用按钮元件■可以创建用于响应鼠标单击、滑过或其他动作的交互式按钮。可以定义与各种按钮状态关联的图形,然后将动作指定给按钮实例。按钮元件内的时间轴显示与图形元件和影片剪辑元件不同,包括四种状态的帧。弹起:该帧为弹起状态,代表鼠标没有经过按钮时该按钮的状态。指针经过:该帧为鼠标经过状态,代表鼠标滑过按钮时该按钮的效果。按下:代表鼠标单击按钮时该按钮的效果。点击:定义鼠标响应的有效区域,该区域在 swf 生成文件中是不可见的。

使用影片剪辑元件■可以创建可重用的动画片段。影片剪辑拥有各自独立于主时间轴的多帧时间轴。可以将多帧时间轴看做是嵌套在主时间轴内,它们可以包含交互式控件、声音甚至其他影片剪辑实例,也可以将影片剪辑实例放在按钮元件的时间轴内,以创建动画按钮。

创建元件:Flash 创建元件的方法有两种,一种是在舞台上选定对象来创建元件;另一种是可以创建一个空元件,然后编辑添加相应内容。

3.3.1.1　将选定元素转换为元件

(1) 在舞台上选择一个或多个元素,执行下列操作之一:

· 选择“修改”→“转换为元件”。

· 将选中元素拖到“库”面板上。

· 右键单击(Windows) 或者按住 Control 键单击(Macintosh),然后从上下文菜单中选择“转换为元件”。

(2) 在“转换为元件”对话框中,键入元件名称并选择行为。

3.3.1.2　创建空元件

(1) 执行下列操作之一:

· 选择“插入”→“新建元件”。

· 单击“库”面板左下角的“新建元件”按钮。

· 从“库”面板右上角的“库面板”菜单中选择“新建元件”。

(2) 在“创建新元件”对话框中,键入元件名称并选择行为。

3.3.2　元件的编辑和库管理

创建元件后,可以随时对元件进行编辑修改操作。一个元件被修改后,其在舞台上的实例也将相应地发生改变。也可以对元件的各个实例进行编辑,但对实例的编辑不会影响元件本身。

3.3.2.1　元件的编辑

1. 在当前位置编辑元件

(1) 请执行下列操作之一:

· 在舞台上双击该元件的一个实例。

· 在舞台上选择元件的一个实例,右键单击(Windows) 或按住 Control 键单击(Macintosh),然后选择“在当前位置编辑”。

· 在舞台上选择该元件的一个实例,然后选择“编辑”→“在当前位置编辑”。

(2) 编辑元件。

(3) 若要更改注册点,需在舞台上拖动该元件。一个十字光标会表明注册点的位置。

(4) 要退出“在当前位置编辑”模式并返回到文档编辑模式,需执行下列操作之一:

· 单击“返回”按钮。

· 从编辑栏中的“场景”菜单中选择当前场景名称。

· 选择“编辑”→“编辑文档”。

· 双击元件内容的外部。

2．在新窗口中编辑元件

（1）在舞台上选择该元件的一个实例，右键单击（Windows）或按住 Control 键单击（Macintosh），然后选择"在新窗口中编辑"。

（2）编辑元件。

（3）若要更改注册点，需在舞台上拖动该元件。一个十字光标会表明注册点的位置。

（4）单击右上角（Windows）或左上角（Macintosh）的关闭框来关闭新窗口，然后在主文档窗口内单击以返回到编辑主文档。

3．在元件编辑模式下编辑元件

（1）执行下列操作之一来选择元件：

·双击"库"面板中的元件图标。

·在舞台上选择该元件的一个实例，右键单击（Windows）或按住 Control 键单击（Macintosh），然后从上下文菜单中选择"编辑"。

·在舞台上选择该元件的一个实例，然后选择"编辑"→"编辑元件"。

·在"库"面板中选择该元件，然后从"库面板"菜单中选择"编辑"，或者右键单击（Windows）或按住 Control 键单击（Macintosh）"库"面板中的该元件，然后选择"编辑"。

（2）编辑元件。

（3）要退出元件编辑模式并返回到文档编辑状态，需执行下列操作之一：

·单击舞台顶部编辑栏左侧的"返回"按钮。

·选择"编辑"→"编辑文档"。

·单击舞台上方编辑栏内的场景名称。

·双击元件内容的外部。

3.3.2.2　库管理

用库管理资源，Flash 文档中的库存储在 Flash 创作环境中创建或在文档中导入媒体资源。在 Flash 中可以直接创建矢量插图或文本；导入矢量插图、位图、视频和声音；创建元件。元件是指创建一次即可多次重复使用的图形、按钮、影片剪辑或文本，也可以使用 ActionScript 动态地将媒体内容添加至文档。

库还包含已添加到文档的所有组件。组件在库中显示为编译剪辑。在 Flash 中工作时，可以打开任意 Flash 文档的库，将该文件的库项目用于当前文档。

可以在 Flash 应用程序中创建永久的库，只要启动 Flash 就可以使用这些库。Flash 还提供几个含按钮、图形、影片剪辑和声音的范例库。可以将库资源作为 swf 文件导出到一个 URL，从而创建运行时的共享库。这样即可从 Flash 文档链接到这些库资源，而这些文档在运行时共享导入元件。

3.3.3　为按钮元件加入命令

前面提到了如何创建按钮元件及按钮元件的四种状态，这里还可以为按钮插入影片剪辑丰富按钮动态或者加入动作制作特殊按钮事件，以形成丰富的交互效果。

3.3.3.1　On（）事件处理函数

On()事件处理函数一般直接作用于按钮实例，也可以作用于影片剪辑实例，用于指定触发动作的鼠标事件或按键。其写法如下：

On（鼠标事件）{

// 此处是需要响应的鼠标事件或按键的程序

}

可以指定触发动作的鼠标事件，一般包括以下几种：

（1）Press：当鼠标指针经过按钮时按下鼠标按键。

（2）Release：当鼠标指针经过按钮时释放鼠标按键。

（3）ReleaseOutside：当鼠标指针经过按钮时按下鼠标按键，然后在释放鼠标按键前移至此按钮区域。Press 和 DragOut 事件始终在 ReleaseOutside 事件之前发生。

（4）Rollout：鼠标指针移出按钮区域。

（5）Rollover：鼠标指针移到按钮上。

（6）DragOut：当鼠标指针经过按钮时按下鼠标按键，然后移出此按钮区域。

（7）DragOver：当鼠标指针经过按钮时按下

鼠标按键，然后移出此按钮区域，接着移回到该按钮上。

（8）KeyPress "<key>"：按下指定的键盘键。例如，KeyPress "<Space>"，就是按下空格键。

3.3.3.2　GetURL（）函数

GetURL（）函数的作用是将来自特定 URL 的文档加载到窗口中，或将变量传递到位于所定义 URL 的另一个程序。常用作网页的超链接。其写法如下：

GetURL（URL，窗口）

下面的写法是指在鼠标释放后在新窗口中跳转到 www.sina.com：

On（release）{

GetURL（"http：//www.sina.com/"，"_blank"）

}

其中，浏览器窗口的值可以从下面的参数值中选择。

（1）_self：指定当前窗口中的当前帧。

（2）_blank：指定在一个新窗口中。

（3）_parent：指定当前帧的父级。

（4）_top：指定当前窗口中的顶级帧。

3.3.4　Flash 交互按钮实例

在 Flash 中制作交互按钮的具体步骤（图 3-48）如下：

图 3-48

具体步骤：

（1）新建 Flash（ActionScrip2.0）文件，在新建图层 1 上绘制 6 个不同颜色的矩形。

（2）新建图层 2，选择文本工具，在属性面板中将文本类型设置为静态文本，在图层 2 上添加 6 个文本。

（3）单击"插入 / 新建元件"命令，新建一个名为 button 的按钮元件，并进入元件内部进行编辑，如图 3-49 所示。

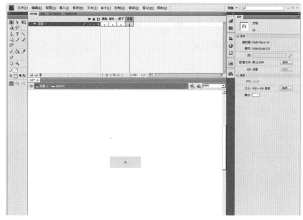

图 3-49

（4）打开库面板，将 button 元件拖至新建图层 3 上，调整该按钮的大小和位置，使其正好覆盖"我的电脑"文本所在的矩形区域，该按钮在舞台上为一个半透明蓝色热区，在实际生成的文件中是看不到的。

（5）选择该按钮打开动作面板，在面板中添加如下语句：

On（release）{

GetURL（"详看实例参数"）

}

该语句的意思是当单击鼠标并释放按钮时，在浏览器窗口中打开"某页面"窗口。

（6）为其他按钮分别添加语句，制作完毕后单击"文件 / 发布设置"命令，在弹出的对话框中勾选 Flash 和 html 两个复选框，单击发布按钮即可发布 swf 和 html 文件。

3.4　Web 广告

中心区域是网页的"核心阵地"——企业类网站的广告往往集中在此。

3.4.1　特点与类型

网络 Flash 广告设计，具有以下几个特点：①文件占用空间小，传输速度快。②矢量绘图、传播广泛。③动画的输出格式。④强大的交互功能。⑤可扩展性。

3.4.2　动态效果

3.4.2.1　循环滚动式动态

在需要用户参与互动的广告中，做循环滚动式动态往往具有一定趣味性，激起用户的兴趣，从而增加点击率。为了引导用户参与，一般会有文字提示，或者间隔几秒钟后自动播放。循环滚动式动态，在视觉效果中更加直观，往往比文字更生动（图 3-50）。

图 3-50

3.4.2.2　按钮式交互动态

这种动态效果类似导航栏动态，区别在于广告的位置、大小和布局与导航有很大的不同，将广告折叠放进每一栏，广告区循环播放时旁边的按钮会跟着交替，按钮上往往有说明性的文字。还有一种是需要通过用户操作选择性播放的动态效果。

在网站构成中，按钮是不可缺少的。在广告中加入按钮的动态，可以点击、变化，趣味性更加浓厚。按钮式动态可以添加链接，而不是文字生硬的表述，在视觉表达上更加直观。图文的结合使得网站整体的表现形式也更加融洽、饱满（图 3-51）

3.4.2.3　广告片和 banner 动态广告

广告片比图片能够更详尽地宣传产品或主题，动态广告嵌入网页中能够吸引浏览者的眼球，为网页增添魅力。广告片大都通过视频播放器与用户进行交互，播放器上的视频操作 Icon 图标控制视频的播放（图 3-52）。

图 3-51

图 3-52

图 3-53

图片动态广告往往是图片自动播放的动画，大多放在标题栏的 banner 区域内，有的还具有交互点击的按钮，点击跳转到详细内容的页面等（图 3-53）。

3.5　Flash 网站设计

3.5.1　Flash 网站布局

网页布局大致可分为"国"字型、拐角型、标题正文型、左右框架型、上下框架型、综合框架型、封面型、Flash 型、变化型，下面分别论述。

3.5.1.1　"国"字型

也可以称为"同"字型，是一些大型网站所喜欢的类型，即最上面是网站的标题以及横幅广告条，接下来就是网站的主要内容，左右分列两小条内容，中间是主要部分，与左右一起罗列到底，最下面是网站的基本信息、联系方式、版权声明等。这种结构类型是我们在网上见得最多的一种。

图 3-54 所示为网站常见的国字型布局，常用于门户类网站，搜狐、新浪、腾讯等网站均用这种布局结构，国字型布局承载的信息量大。

3.5.1.2　拐角型

这种结构与上一种只是形式上有区别，内容上其实是很相近的，上面是标题及广告横幅，左侧是一窄列链接等，右列是很宽的正文，下面也是一些网站的辅助信息。在这种类型中，很常见的是最上面是标题及广告，左侧是导航链接。

图 3-55 所示为拐角型布局，微博常用这种布局的页面。

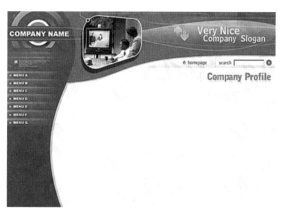

图 3-55

3.5.1.3　标题正文型

这种类型即最上面是标题或类似的一些东西，下面是正文，比如一些文章页面或注册页面等。

图 3-56 所示为标题正文型布局的页面。

图 3-54

图 3-56

3.5.1.4　左右框架型

这是一种左右为分别的两页的框架结构，一般左面是导航链接，有时最上面会有一个小的标题或标识，右面是正文。我们见到的大部分的大型论坛都是这种结构，有一些企业网站也喜欢采用。这种类型结构非常清晰，一目了然。

图 3-57 所示为左右布局的网页，左边是导航，右边是页面内容区，该网站左右两个功能区没有明显的边界标识，运用色彩和图形进行区分，设计巧妙。

图 3-57

3.5.1.5　上下框架型

与左右框架型类似，区别仅仅在于是一种上下分为两页的框架。

图 3-58 所示为上下布局的网页，上部为导航区、广告 banner，下部为页面内容区，和标题正

图 3-58

文型类似，区别在于下部分的功能划分，标题正文下部分只放文章内容，上下结构的下部分区域根据页面功能需要将不同模块放置其中。

3.5.1.6　封面型 /Flash 型

这种类型基本上出现在一些网站的首页，大部分为一些精美的平面设计结合一些小的动画，放上几个简单的链接或者仅是一个"进入"的链接甚至直接在首页的图片上作链接而没有任何提示。这种类型大部分出现在企业网站和个人主页，处理得好的话，会给人带来赏心悦目的感觉。

图 3-59 所示为全 Flash 网站中的一页，页面全部由 Flash 制作，网站中页面内和页面间的跳转蕴藏着丰富的动态效果，具有很强的交互性。

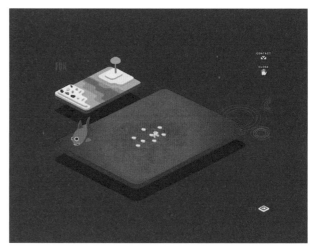
图 3-59

3.5.1.7　变化型

即上面几种类型的结合与变化，比如图 3-60 所示的网站在视觉上是很接近拐角型的，但所实现的功能的实质是那种上、左、右结构的综合框架型。

图 3-60

3.5.1.8　什么样的布局是最好的

这是初学者可能会问的问题。其实这要具体情况具体分析：比如，如果内容非常多，就要考虑用"国字型"或拐角型；而如果内容不算太多但说明性的东西比较多时，则可以考虑标题正文型；这几种框架结构的一个共同特点就是浏览方便，速度快，但结构变化不灵活；如果一个企业网站想展示一下企业形象或个人主页想展示个人风采，则封面型是首选；Flash 型更灵活一些，好的 Flash 大大丰富了网页，但是它不能表达过多的文字信息。

3.5.2　Flash 网站页面间动态

利用 Java 或 Flash 动画可以制作出许多有趣的页面间转换的动态效果。页面间动态可以增加网页的动感，缓解浏览者的视觉疲劳，带给用户意外的惊喜。网页间动态效果有很多，比如翻页、交叠淡入淡出、平移、模糊等。

如图 3-61 所示，页面间动态为黑色的过渡页平移效果，过渡页面导航区被替换成有趣的脚印图案，在用户点击导航切换不同的页面时页面间会出现平移过渡的动态，为页面增加了情趣。

图 3-61

第 4 章　Web 平台的 Flash 动画片

4.1　Flash 动画片

Flash 动画片以网络媒体作为主要的播放平台，Flash 电影、连续剧或娱乐小品较之传统的二维手绘动画有着自己独特的风格和叙事方式。

4.1.1　特点及类型

Flash 动画的特点在第一张中有详细的介绍，本章主要研究 Flash 电影、连续剧及娱乐小品、MTV 类型的网络动画的特点和风格。制作 Flash 动画的方法常见的有两种，第一种是从角色场景绘制到动画制作到生成动画都在 Flash 软件中完成，在风格上为矢量的动画风格；第二种是角色或场景的绘制不使用 Flash 软件，动画的制作和合成在 Flash 中完成，这样的动画风格更为多样。

以网络作为播放平台的 Flash 动画有以下几个特点。

4.1.1.1　具有互动性

网络平台为用户更好地和作品互动提供了可能性，这种互动不光是在播放中可以设置交互按钮为用户提供选择，有些 Flash 动画具有开放性，用户的参与可以决定剧情的走向和动画的结局。

如图 4-1 所示的《Gorillaz 街头霸王》的动画播放界面，观者可以在菜单中选择角色（左图），点击后通过主观视角进入角色的房间，选择要观看的内容。Gorillaz 是一个英国乐队组合，以 Blur 主唱 Damon Albarn 为主并隐身幕后代言，以知名卡通人物 Tank girl 的作者 Jamie Hewlett 一起创作的四个具有强烈城市 Hip-Hop 色彩的角色组成虚拟乐队。

如图 4-2 所示的《Gorillaz 街头霸王》的

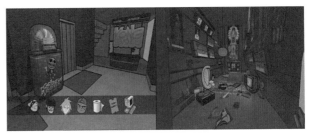

图 4-1

图 4-2

MTV 中，乐队的四个虚拟人物个性鲜明，风格独特，MTV 中结合了大量的实拍景色和 3D 场景，同平面化的角色形成了鲜明的对比，并通过后期光效的色调配合达到了画面的统一。

4.1.1.2　Flash 动画片的叙事结构和动作充满张力

以网络为媒介的 Flash 动画片或连续剧的时间较短，故事结构更为精简。Flash 动画片常见的叙事结构为：

→开端：简述故事的背景环境，确定故事的基调、画面风格色调、角色出场，交代是谁，主人公需要做什么。

　　→第一个转折点：故事初步展开，困难出现，主人公被迫应对。

　　→经过／中间阶段：主人公向着某目标稳步前进，并随着环境而发生改变，为产生更大的冲突作铺垫。

　　→第二个转折点／高潮：随着变化的积累，内在／外在的巨大冲突出现，主人公锲而不舍，故事真相大白，峰回路转。

　　→结局：开放式结局引发思考，封闭式结局（悲剧／喜剧）。

　　观者的情绪也随着剧情的发展产生变化，角色将观者带入故事中，体验主人公的喜怒哀乐。

　　都市情感剧《泡芙小姐的金鱼》剧情分析：

　　开始：交代故事发生的大背景都市中，主人公和她的朋友先场谈论堵车话题（图 4-3）。

　　第一个转折点：泡芙在堵车时看见了天空中游动的金鱼，泡芙开车跟着金鱼，泡芙回到现实，堵车中（图 4-4）。

　　经过／中间阶段：泡芙回忆→路上泡芙遇见司机送给泡芙一条金鱼→雨中，男友打电话给泡芙谈分手→泡芙在堵车的街区选择乘坐地铁（图 4-5）。

　　第二个转折点：地铁突然发生停电故障，水涌入地铁造成恐慌→地铁中接到男友电话，泡芙发现男友也在同一列地铁中→黑暗中相遇，泡芙放了金鱼（图 4-6）。

　　结局：地铁中的电恢复，故障排除→泡芙和男友在地铁站分别（图 4-7）。

图 4-5

图 4-3

图 4-4

图 4-6

图 4-7

全篇围绕金鱼展开故事，以金鱼作为全篇的"奇"点，也就是说当片子的核心线索金鱼出现时，泡芙的世界产生了改变。在第二个转折点泡芙放走金鱼，离开了男友，泡芙的世界回归平淡。在脆弱的时候，是否会向爱妥协？泡芙对金鱼的态度从依恋到不肯放手到给它自由也是泡芙对爱的态度。

Flash 动画片给观者的感觉是动作夸张，充满张力和戏剧性，这是 Flash 动画的特点之一。Flash 动画的动作设计和镜头运用极具冲击力，Flash 动画的动作设计往往选择动作幅度较大，动作之间的衔接简洁有力量，这可能是 Flash 帧动画的特点。在镜头的选择上 Flash 动画软件可以制作出流畅的镜头，推、拉、摇、移进行叙事，Flash 动画选取的镜头角度独特，如有大俯拍镜头也有仰拍镜头、跟拍主观视角等。

如图 4-8 所示，动画连续剧《憨豆先生》是喜剧题材的 Flash 风格的动画片，剧中主人公憨豆先生的动作设计夸张搞笑，动作间幅度很大，过渡自然，配合他蒙呆的表情具有很强的喜感和娱乐效果。

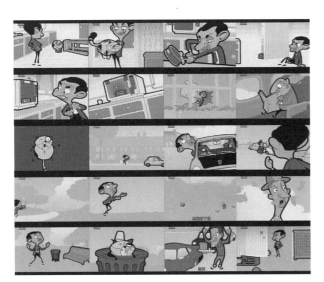

图 4-8

4.1.1.3　Flash 动画具有强烈的风格特征

因为 Flash 动画软件的属性特征，Flash 动画的风格主要为矢量动画风格，人物线条工整，造型饱满。场景多为抽象的几何形组成一组组的景物和环境很好的分割画面。色调上简洁明快又有丰富细腻的细节，矢量化的图形充满画面，具有很强的装饰美感。

如图 4-9 所示，动画连续剧《飞天小女警》是典型的 Flash 风格的动画片，人物设计由几何形演变出许多丰富生动的造型。三个主角——保护城市的英雄小女警的造型可爱，椭圆形的头占身体比例的二分之一，三角形的身躯、圆柱形的四肢和大大的眼睛、小小的嘴构成了独特的造型。场景设计也是由几何形绘制出细腻的前景、中景、近景，通过虚实变化营造了镜头的空间感。图形化的语言使画面风格统一，有韵律美感。

由于 Flash 软件的兼容性很强，Flash 动画的风格发展至今也呈现出多样化。比如《Gorillaz 街头霸王》、《泡芙小姐》等 Flash 动画将场景使用

图 4-9

图 4-10

真实的影像和照片，角色是图形化的风格，将矢量的角色和真实的影像结合形成新的视觉效果。

如图 4-10 所示的《Gorillaz 街头霸王》的 MTV 中，人物是矢量风格，造型夸张，场景将图片、影像、3D 动画结合，产生奇幻的视觉效果。

4.1.2　风格化的角色场景设计

4.1.2.1　风格化的角色设计

在进行角色设计前要尽可能多地接触各种视觉形象，我们的潜意识是一个宝藏，里面装满了各式各样的人物脸孔、体态，还有塑造人物形象的各种构想，所需要的就是多看、多画，让潜意识发挥其主导地位。我们可以从别人的方法中获得灵感。我们可以学习他们的画面布局、光线布局、色彩运用、设计意识、材料选择等方法。我们可以对他们进行研究和分析，并想方设法使之成为自己的方法。

在进行角色设计时要首先分析剧本，分析剧中人物角色所处的社会和时代背景、性格特征、行为习惯、说话方式、年龄职业、外形特点等。尽量强调人物最有趣的特征或表情，尽量挖掘隐藏在脸孔下的人物个性。收集相关形象的素材进行分析，通过写生尽可能地多观察、多画。同时，要注意模特的姿势、手势和表情，努力抓住人物的特征，无论是最简单的画面还是最生动的写实的画面都要在头脑中把他们想象成三维的。了解人体关节的位置，只有这样，无论对人物如何进行变形和夸张，其动作和姿势看起来也都会真实、可信。

动作／动势——画火柴人之前必须先确定他们在做什么，然后用一根动态线条来表现他们的动作，继而更为透彻地分析和理解角色动作。

图 4-11 所示为选自《疯狂卡通角色片》的画面，我们看到火柴人由头、躯干和四肢组成，这里强调的是关节。肩关节、胯关节、肘关节等图例中用小圈注明是角色产生不同动作的关键，人的所有动作都是围绕关节产生的，通过火柴人训练对角色动作的设计，可以更好地认识到动作的本质。

积木几何体／人体结构法——火柴型人体关节图有利于了解人体的各种姿势，但这仅是塑造形象

图 4-11

的第一步。还需要赋予他们以外形、立体感和质感，使其有血有肉。乔治·伯里曼说过："人体可以被看做是由一系列相互连接的积木或几何体组成的"。因此，在理解角色时我们可以在脑中构建人物几何体的比例关系，对人物造型进行三维空间的想象。

图 4-12 所示为《Hotel Transylvania》中的角色造型，经过分析可以理解为由圆柱体构建的基本比例关系，使用几何体理解复杂的人物造型和动势是很好的方法，可以训练我们用立体的思维思考角色，在此基础上进行角色的动作设计能够更为丰满、立体。

图 4-12

角色设计有了雏形后要进行大量衍生造型的尝试，从而找到最符合心中形象的那个。角色设计衍生变化的基本方法主要有两种：结构上的改变和相貌特征上的改变。

1. 结构上的改变

首先确定角色头部、躯干和四肢的比例关系。

同一角色，将头部躯干和四肢的比例关系改变产生的形象也会截然不同。

如图 4-13 所示，同一个角色的设计呈现出的造型也会千变万化、各不相同。左侧的角色头部躯干和四肢的比例关系大体相同，通过细节的变化和姿态的不同暗示角色的性格，右面的角色设定在比例上产生了明显的不同，躯干比例很长，腿部很短，同右侧的角色产生强烈的对比。

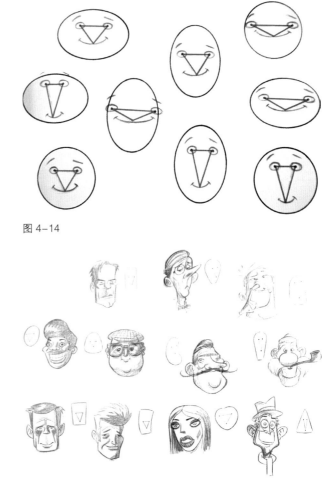

图 4-14

图 4-13

2. 相貌特征上的改变

在进行角色设计时可以用特征三角形的方法增强画面的趣味性，可以考虑将脸型和面部特征三角形（双眼和嘴）随意组合。即使距离很远，我们也能认出这张脸。对这个三角形进行巧妙的处理，就能塑造不同特征的面部结构。同时，我们还可以改变头的形状。

图 4-14 所示为选自《疯狂卡通角色片》的画面，同样是以圆作为脸的形状，通过眼睛和嘴距离及位置的改变和变形，或拉伸，或挤压，得到了瘦长的圆、扁平的圆和标准的圆等不同的面貌。

图 4-15 所示为选自《疯狂卡通角色片》的画面，图中的人物造型各不相同，通过分析发现他们之所以那么不同是因为脸的轮廓和眼睛、嘴的三角形的比例关系都不尽相同。

个性化面部特征的设计——眼睛（眼镜）、嘴（牙齿）、胡子、头发、耳朵、鼻子。

图 4-16 所示，同样的人物造型，同样是圆眼

图 4-15

图 4-16

珠、三角形的鼻子和紧贴着鼻子的嘴。通过五官的细小变化，比如眼睑的形态，鼻子的造型，脸型和五官的三角形比例关系的变化等，演变出生动、具有感染力的角色形象，他们乍看相似，仔细分析有着很多细微的差异。

图 4-17

图 4-18

如图 4-17 所示，角色的造型设计幽默，三角形的头部配合夸张的鼻子，很有喜感，图中角色的鼻子各有不同，鼻梁的凹凸、鼻翼的大小、鼻子的整体轮廓造型是决定角色个性的要素。

表情——面部表情是一种非语言的交流方式。人们的面部表情变化丰富——有的表情夸张，易于读懂；有的表情模棱两可，难以捉摸；有的表情是自觉的；有的表情是不自觉的。在身体语言和手势的加强作用下，面部表情能表达人类所有的情绪，甚至能表达人们的某些观点。角色常见的表情主要有喜、怒、哀、乐、惊、恐等，通过五官和面部肌肉的变化表达丰富的表情。角色的表情设计中我们发现通常眉眼和嘴可以表达很丰富的情绪，比如眉毛、眼角、嘴角上扬，给人的感觉是高兴、骄傲等；眉毛紧锁、眼睛向眉心靠拢呈三角形、嘴角下沉，传达给人的往往是忧愁、悲伤、紧张、恐惧等负面情绪。在进行角色表情设计时可以多观察现实生活中的人，记录他们的不同表情，使角色的表情设计更具感染力。

如图 4-18 所示，Q 版的角色表情往往更为幽默夸张，表情幅度很大，嘴和眼睛等的变形大胆搞笑，为渲染情绪刻画了许多生动的细节，比如战栗的辅助线（曲线）、气愤时头顶火冒三丈、烟、汗水、毛发等，烘托人物角色的喜剧感。

图 4-19

如图 4-19 所示，上扬的眉梢和眼角，或上扬或紧闭的嘴角和龅牙，嘴上方的黑痣，让人很容易联想到坏人的形象。

如图 4-20 所示，为《我的生活有点囧》的画面（作者：张璇）。囧的表情的最大特征是眉毛为向下的八字眉，传递给人的是有些负面的情绪，向上的眼梢和三角形的眼睛暗示囧的性格比较内向，表达情绪时也比较含蓄，表情幅度较小。

夸张——集中精力抓住人物姿势和动作的本质特征，进行夸张变形，使细微的动作更加细微，夸张的姿势更加夸张。角色形象的夸张处理可以通过比例的改变、局部特征的夸大、戏剧性的道具和细节等方面，使角色差异化、个性化，更具识别性。角色形象源于现实生活中未经加工的平凡的人物形象，因此需要赋予他们夸张的个性和动作作为补偿。

图 4-21 所示为人物造型，是在写生模特的基础上夸张变形得到的，左图中在写生时选取较低视角，并夸张了透视效果，造型贴近原型。中间图片中的粉帽子女孩形象经过了卡通化的处理，人物比例夸张，纤细的四肢和圆圆的脸尖下巴，

在写生的基础上加入了作者主观的设计。右图中的模特和旁边的女孩设计有了很大的差别，作者用抽象的几何形对模特进行了极大的夸张和高度的概括，创造了新颖独特的造型。

图 4-22 中角色的设计构思独特，作者对女孩的裙子和腿进行了夸张，使人物上身和下身的比例形成了鲜明的对比，让人印象深刻。

角色的动作和反应完全取决于其个性，通过角色的姿势、动作和表情来表现他们的个性。我们设计的形象、所表演的姿势和动作要符合故事本身的设定和描述。抓住动作的本质特征要注意两点：①抓住动作的重心；②抓住动作的动线。

如图 4-23 所示，上图的角色动作设计都符合下图中某个方向的动线，使得动作优美流畅。

用动作表达情绪，设计角色表演。人物的动作、手势、表情应该通俗易懂，画面中多元素的组合及背景等都能对人物形象产生微妙的影响。比如在面对紧张、恐惧时人的第一反应往往是"冻结"状态，动作短暂地停滞；第二反应是逃跑反应，逃离现场或是回避阻断的行为；第三反应是安慰行为，比如手摸脸部、脖子、玩头发等小动作。

如图 4-24 表现了角色在惊慌时的表情和姿势，或逃跑或防御。

向上的态势往往意味着快乐、乐观、骄傲或感兴趣，而向下的态势往往意味着悲伤、沮丧、挫败或悲观。

图 4-25 所示为《我的生活有点囧》中的画

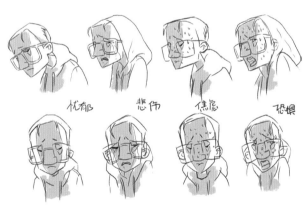

优郁　　悲伤　　焦虑　　恐惧

图 4-20

图 4-21

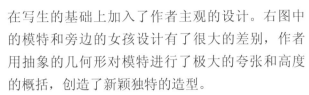

图 4-22

面（作者：张璇）。该图为主角囧的主要动作设计，由于囧是患有恐惧症的男孩形象，性格内向、脆弱。因此，在设计动作时将整体造型设计成有些驼背，脖子向下微伸的主要姿态，细节上用手抚摸脖子的动作表现了囧的懦弱和不自信。

一般来说，开放的姿势或手势代表着积极的情感体验，显示了对人及环境所产生的愉悦、兴趣或积极响应的程度。封闭的姿势和手势则代表着一种消极的情感状态，比如烦恼、嫉妒、自尊心受伤或者无聊等。

图 4-26 所示为封闭的双臂交叉在胸前的手势，给人距离感，表达角色具有防备心理。

微小的动作也能够刻画情绪，比如微表情的变化暗示情绪，瞳孔的大小暗示角色的精神状态是恐惧还是注视，快乐的程度可通过观察眉眼的变化，放平的嘴和嘴唇咬进去紧绷的嘴体现情绪的细小变化，低头和抬头体现情绪的起伏等；再比如微动作中手的变化，总体来说，张开的手掌表达了一种积极的情感，而紧握的拳头则恰恰相反。人的手势千变万化，其中有些是有意的，也

图 4-23

图 4-25

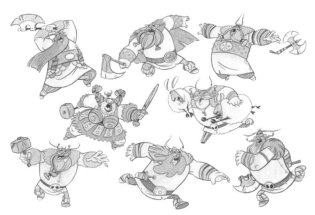

图 4-24

图 4-26

有很多是无意识的。尽管人们可以学会隐藏自己的面部表情，但是手势往往能揭示他们内心隐藏着的紧张、不快或快乐。不安、紧张时紧握的双手、搓手，自信时向外张开的手指都能准确地表达情绪。

图 4-27 所示为《通灵男孩诺曼》中角色 Judge 的手部设计，纤细的手指、宽大的骨节很好地表达了角色的枯瘦形象，手势动作设计细微，形象地表达了人物古板的性格。

系列化角色设计：如何将动画中的人物设计得既丰富多变又整体协调，在设计时要考虑诸多因素，首先要确定人物类型，人物类型有很多种，如正义与邪恶、美与丑、聪明与愚钝、老人与儿童等。

图 4-28

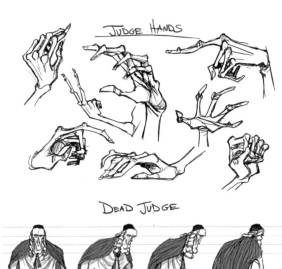

图 4-27

图 4-28 所示为《我的生活有点困》（作者：张璇）。图中为剧中主要人物的设计：冷漠古板的邻居苦脸男（戴着眼镜、梳着分头的上班族），总是在背后散布谣言的邻居母子，背书包有点疑心

病的邻居女孩；后面的三个光头男子是干坏事的流氓；右后的两个角色中，高个子的清瘦女子和矮个子驼背的老太太是超市的顾客；最右侧是故事的主人公囧，他是超市的货品整理员。这些人物类型明确，具有辨识度，设计时流氓的形象利用光头、眼梢上吊、嘴里叼着牙签、脸上有刀疤等表现。而在设计上班族时利用梳得光滑平整的分头、尖而长的鼻子、小小的眼镜、大大的眼袋、下沉的嘴角，一手拿着公文包的细节表达他古板冷漠的性格和形象。这些人物形象和主角形成了鲜明的对比，暗藏着矛盾和危险，使整个设定具有一定的戏剧性。

进行系列化角色设计，在确定角色人物类型的基础上，要设定角色间的比例关系和统一的造型"法则"。一组角色在设计时首先要注意高矮胖瘦的比例关系，让角色间形成丰富的变化；其次是设计时要确定造型的原则，也就是说人物造型的确定是在类似的那几个几何形的基础上衍生变化得出的，这样在设计时角色的几何体造型不管如何组合变化角色间都会形成一定的视觉关联性（可以回忆一下前面在对角色进行设计时乔治·伯里曼积木几何体人物造型的理论）。

图 4-29 所示为动画短片《抛锚 Anchored》，是琳赛·奥利维斯在美国 Ringling 艺术与设计学院的毕业作品，讲述了一个爱与信仰的故事。通过短片，作者想要表达遇到困难时不要迷失，要充满希望和信心，困难让我们变得更坚强。该作

图 4-29

品获得 SIGGRAPH 动画节[①] 2009 年最佳展示奖。短片中主要角色的造型虽有高矮胖瘦的区别，但我们发现从造型上看角色的体态都近似于梭形，都以流畅动感的曲线勾勒形体，因此形成了系列化。

角色的光与影——恰当地利用光影有助于增强画面效果，使人物更富于戏剧性和立体感，画面的背景更真实可信。有三种基本方法为画面添加色调，增强画面中角色的光影效果：①写实的色调：所画的色调真实客观地与人物环境光和反射光保持一致；②阳光或聚光灯效果：在人物表面画上直射光源；③阴影色调：较暗的色调，添加些补色效果更好。

如图 4-30 所示，左图为动画片《鬼妈妈》中父亲形象的设定稿，人物的色彩受环境色影响微小，用色上以固有色为主，与客观真实的人物的色调一致。中图为阳光下的女孩，色彩鲜艳明快。比如在脸部的色彩处理上，受光的部分是亮黄的暖调，背光的部分是蓝绿的冷调，冷暖之间形成鲜明的对比。右图为动画片《鬼妈妈》中变身后的父亲形象的设定稿，选择了较暗的冷色调，因为在夜间月光的作用下环境色会成为人物的主要色调，固有色被淡化。

图 4-30

不同方向的光线——利用不同方向的光线对画面进行处理，使人物形象更加精确、生动。还可以利用光线来说明地点、营造氛围、暗示剧情。角色的光线主要有顶光、侧光、底光、背光几种。

图 4-31 所示为《我的生活有点囧》主角囧的

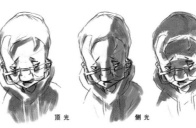

图 4-31

光线设计（作者：张璇）。在头顶上有强光的情况下阴影会向下投射出物体的形状，比如鼻子、下巴等，强光下角色的大部分暴露在光线下，可以表现角色的颓废、木讷、彷徨、紧张等状态；运用侧光可以使角色的面部轮廓更清晰，有效地突出面部特征，这种光线俗称"阴阳脸"，刻画角色特殊状态下的戏剧性光线；底光可以营造独特的气氛，是恐怖片中常用的布光方式，可以表现角色的残暴、恐怖、诡异等状态；背光时几乎所有的面部特征都隐藏在阴影之下，给人物增添了神秘感，背光情况下，角色只在边缘处有一点亮光。

4.1.2.2 风格化的场景设计

场景设计通常是指以剧本为依据，为剧本中的角色活动和剧情发展所需的背景空间进行的设计。在 Flash 动画场景设计中则体现为对景与物的造型的设计、材质的设计、色调的设计、光影的设计等几个方面。场景设计包括了室内环境设计、室外环境设计、道具设计等方面。

场景根据剧本需要营造特定的意境与情绪基调，为角色的刻画服务。剧本则是场景设计过程中的一个总的依据。剧本中场景的主要信息通过文字来传达。进行场景设计首先要理解剧本，比如在这个场景中要表现怎样的场面和故事，传达什么样的情绪意境。其次，明确剧本所设定的时代背景与地域特征。最后，要通过剧本明确影片的风格类型。总体设计的思维首先是指树立统观全局的设计观念，包括场景空间的整体统一，场景、角色的风格统一，整体风格与表现主题融合一体。

图 4-32 所示为场景的轴测图设计，可以全方位地了解场景中每个道具和物件的比例关系和位置关系，在此基础上进行取景，避免产生场景中与剧情相关的重要道具位置和比例不清等问题。

场景设计的切入点在于把握整个影片的主题。场景的总体设计须围绕影片的主题进行。主题反映于场景的视觉形象中，如何表现场景的视觉形象，就是要找出影片的基调，一部优秀的 Flash 动画片都应该有统一的基调。影片的基调就是通过影片的造型、色彩、故事的节奏等表现出的一

图 4-32

种特有的风格。场景的总体设计的关键在于探索与主题完美结合的独特造型风格。

一般而言，场景的视觉风格和角色的视觉风格应当一致。选择场景风格时，应考虑到所创造的场景基本风格将影响画面的整体效果。所以，从剧情出发，结合角色的造型特点，考虑场景的表达意图，如此才能制作出符合整体风格的场景。

图 4-33 所示为西班牙漫画家、动画家 Enrique Fernandez 的作品《AURORE》，作品中角色和场景设计风格统一，角色的造型和场景中树木山石的造型特点一致，描绘细腻。小女孩红色的头发和靴子与绿色调的森林形成色调上的对比。

图 4-33

在生活中寻找动画场景设计的灵感和素材，通过深入细致的观察研究，大量的写生及查找相关资料文献，达到对设计对象的构造、细节等特征的深刻把握，积累设计素材，为下一步的设计工作能够顺利进行奠定基础。

图 4-34 所示《肯尼亚和普吉岛风景练习》（作者：张璇）。通过数码绘画模拟素描效果，收集图片大量写生，观察动植物的构造、肌理、细节等，进行研究和写生练习，以便更好地掌握描绘对象的特征，为下一步设计作准备。

图 4-34

场景设计——透视：文艺复兴时期著名画家达·芬奇将透视归为三种：色彩透视、消逝透视和线透视。色彩因为大气的阻隔产生的变化称为色彩透视；物体的明暗对比随着距离的增加而减弱称为消逝透视；场景中的远伸平行线，看去越远越聚拢，直至汇合于一点，则称为线透视。我们通常指的"透视"就是线透视。透视中常见的有平行透视（画面中有一个消失点）、成角透视（画面中有两个消失点）、仰视、俯视等。

场景分层设计——近景（也叫前景）、中景、远景。Flash 动画场景设计由于多为矢量风格平面化表现，分层设计能很好地拉伸空间，增强空间的层次感。利用前景、中景、远景，通过色调的设计和镜头焦距的变化可以更好地引导观者的视线，使其聚焦在故事剧情发生和角色表演的那一层景物上。二维作品在空间表现上还有更自由的手法，它既可以通过模仿透视来产生仿真实空间，又可以通过平面形叠加、黑白对比、色彩冷暖对比关系来产生画面的空间。对于前后景的处理通

常有以下几个特点：①前后景物的设计要服务剧情，符合片中场景的结构特点，要注意连景。②通常用比较暗的影调，弱对比的色彩来设计前景，从而突出被拍摄角色和角色所在的中景或远景部分。③可以利用景深原理对前景适当虚焦，使观者聚焦在被摄主体上，视线更为集中。

图 4-35 所示为《风中奇缘》的背景分层分解，近景、中景、远景通过色彩的明度和虚实表现幽远的森林空间。

图 4-35

图 4-36 所示为《大耳娃 Flash 游戏设定》，作者：张璇。这是具有典型 Flash 风格的场景设计，前景为树丛和树，颜色上是纯度较高、明度较暗的墨绿色调；中景为一块石头、几株矮草和地面构成的画面的主要剧情表演位置和视觉中心，颜色上采用蓝绿调，色彩饱和明快；远景为树木和远山，根据色彩透视的原理，颜色上更接近环境色，固有色变弱，色调上呈淡蓝绿色调，配合夕阳下的暖黄天空和谐地融合在一起。虽然画面的透视平面化，但是通过前景、中景、近景拉伸了画面的空间感，这是 Flash 动画中常用来表现透视和

图 4-36

空间的方法。

图 4-37 所示为《送你一片海》的场景设计概念稿（作者：张璇）。场景中前景部分作虚焦处理，加强了画面纵深感，使视线集中在画面中心区后景的角色位置，突出了主体。通过前景的设计可以很好地增加画面的空间感和形式美感，要善于发现可能成为前景的物体，并利用它们。

图 4-37

场景的构图法则——场景的构图主要有基本构图（三分法则，井字构图）、三角形构图、对角线构图、S 形构图等。基本构图是场景设计中最常见的构图形式，将重要的部分放置在井字的中心部分，次要的部分放在外围。三角形构图的三个视觉焦点使画面稳定，其中两边又把力量聚集于顶角，产生一种上升的力量，给人以宏伟的感觉，绘画表现时经常在历史性的宏伟场面应用，对话场景中常用这种构图形式。对角线构图使画面延伸，可以引导读者的视线移动方向，对角线构图也是倾斜构图的一种，画面有张力和不稳定感。S 形构图是一种优雅的构图形式，增加空间的延伸感和流动感，使画面具有韵律美，同时，可以很自然地引领观者的视觉深入画面。

图 4-38

图 4-38 所示为基本构图，画面的主体景物放置在井字格区域内，这种构图焦点处在画面中心位置，井字区域是角色的主要表演区域。

图 4-39 所示为对角线构图，画面向右下和左上延伸，延展了读者的视线，具有节奏美感。

图 4-40 所示为 S 形构图，通往远处城堡的路近似 S 形，柔化画面。

图 4-39

场景中的光影设计——光影是场景气氛设计中的一个重要表现手段，它可以传达一定的情绪、感觉。在光影设计中要区分不同的光源，如自然光、灯光、火光等。在具体的场景设计中要根据需要，为营造特定的气氛来选择光影。合理巧妙的光线布置，对于烘托场景的气氛起着十分关键的作用。在设计场景的光线时要从光线的方向、强弱、色温、表达的情绪、暗示的剧情、时间等方面考虑。光源有时是对方向的引导和暗示，比如逃跑的场景，光源的方向往往是人物动作戏的逃离方向。不同

图 4-40

的光源渲染的气氛不同。

　　直射的日光下投影比较短，色彩对比强烈，接近天空的景物比较冷，接近地面的景物比较暖。自然光源下明暗对比强烈，物体的固有色变淡，受光源色温影响大。阴天时物体固有色被保留较多，明暗关系对比较弱，受光源色温影响较小。窗光光线柔和，室内外色温反差较大，多为单方向的统一光源，阴影的方向也有一定的规律可循。窗越大投进室内的光线越充沛，影子变淡。

　　如图 4-41 所示，上下两幅分别是室内室外的场景下自然光（日光）照射下产生的效果。第一幅光源来自窗户的投射，进入室内的光线微弱柔和，室内的物品受光线影响较弱；同样是傍晚的阳光，在室外要强烈得多，色温更高，光源方向是背光，森林中的树木受光线影响很大，受光面和背光面对比强烈，特别是远景树木已经融入了暖黄色的光线里，和背景融为一体。

图 4-41

　　图 4-42 所示均为室内场景灯光下的效果，不同的是左右两幅场景受不同色温的灯光影响，一个是暖光源，一个是冷光源。左图光源主要为聚光灯向下投射的效果，远处有微弱的橘色壁灯作

图 4-42

为辅助光源，灯光很好地使读者聚焦在受光区。右图主要光源是窗子射进的冷光源和角色头顶的聚光灯，远景处还有其他室内反射进来的光线，整个场景光线微妙细腻，渲染出神秘离奇的气氛，引发读者的想象。

　　场景的色彩设计——给场景定义一个色彩方案，有助于场景风格的确立。色彩方案是指对场景中显示的所有色彩的总体设计。增加的每一种颜色都与色彩方案的其他色彩有关，一般可以通过选择一套数量有限而一致的色彩来设计一个高效的色彩方案，按照色调的主要颜色、辅助颜色、点缀颜色进行具体的配置，并用这些颜色对场景中的元素进行上色。不同色调的色彩可以渲染气氛、暗示情绪，引发读者的联想，比如紫色调的神秘优雅；橘色调的温暖热烈；蓝色调的清新洁净；绿色调的自然舒适等。

　　如图 4-43 所示，上下两幅场景在色调上一冷一暖形成对比。上图为黄绿色调，给人的感觉温暖自然。下图为蓝色调，给人的感觉静谧幽远。

　　总之，场景设计的艺术性直接归结到对画面的处理，即灯光、色调、构图、透视空间、气氛等的综合表现。一个成功的场景设计不仅使观众获得视觉上的审美感受，还能将其引入作品的想象空间。场景设计时要以剧本为依托，以故事的发生环境为准则，增加与剧情相关的内容环境，减少与剧情无关的内容环境。强调从角色角度出发营造细节的"真实性"，这种真实是指作者所描绘的剧中的世界观下的真实，而非现实中的真实。

　　场景设计要和角色设计有机统一，首先要做到艺术表现风格相一致，场景设计的风格主要分为写实风格和抽象风格两种。写实风格是指在参

图 4-43

图 4-44

照现实世界的基础上具象地描绘，设计时要考虑特定的地理位置、历史背景、故事发生的时间、细节的描绘（可以通过标志性建筑、角色服饰等），其中常描绘的是一般化场景，也就是日常生活中的现实场景例如学校、医院、公司、家庭等，塑造一般性场景时注意符号化的元素和标准化的空间布置，比如教室场景中出现的桌椅、教具、讲台等；写实风格也包括非真实场景，如作者对未来、太空世界、虚拟世界的描绘等，在塑造时要考虑与当下世界的异同之处，强调从角色的角度出发营造细节的"真实性"。

如图 4-44 所示，漫画《Sky Doll》中的场景设计为写实风格，虽然作者描绘的是外太空的景象，但是我们可以在其中找到很多现实世界的景象，比如左图中的空中飞行物和现实生活中的汽车造型相似，右图中通往高塔式建筑的电梯就是现实的翻版，店面和招牌也和生活中的场景类似。

因此，我们发现作者将生活中人们熟悉的景象经过想象和加工安排进梦幻的太空空间和未来世界，读者在看到这样的场景时感受到既奇幻又熟悉真实的异度空间，引起阅读时的共鸣。

抽象风格是在写实的基础上经过高度的概括加工得到的景象，将抽象的图形图案直接作为场景在 Flash 动画中也较为常见。抽象的图形弱化了透视感，增强了画面的装饰性，配合卡通化的角色设计形成 Flash 动画独特的视觉效果。

如图 4-45 所示，Flash 音乐 MV 中的场景经过了图形化的设计，场景中的道具经过高度概括形成了近似于某种几何形的效果，和文字图形融合在一起形成独特的风格。

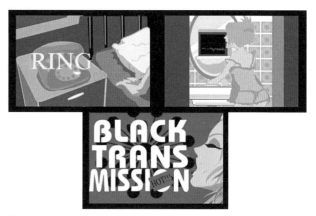

图 4-45

图 4-46 所示为 Flash 动画中的场景，场景和角色造型卡通化，色彩明快，描绘简洁生动，局部添加了肌理，为画面增添了质感。

其次是在设计时场景和角色的基本造型语言

图 4-46

相同，也就是说角色造型的特征同场景的造型特征一致，比如都近似于某几种几何形的组合。色调在整体中强调局部的色彩对比，可以通过场景和角色的色彩对比更好地突出角色。

图 4-47 所示为动画电影《恶童》中的镜头，场景设定在影片中占据了很大的部分，是全篇风格形成的确定性因素。场景设计结合了日本、中国和东南亚建筑的传统元素符号，主要描绘日本生活的"小世界"。场景设定为一个虚幻的名为"宝町"的世界，融合多元文化符号暗示主题。比如，在场景中有一些极具卡通形象的雕塑，一个印度大象神的大钟作为宝町的标志性建筑出现，还有

图 4-47

很长的烟囱，大象神在印度是财富之神，烟囱不时冒出黑烟，在这个场景中从这一角度讽刺了现代社会被金钱地位所蒙蔽了。《恶童》画风独特，不管是人物设定、场景设定，还是色彩运用，都融为一体、浑然天成，一点也感觉不到它的制作和分工是分开、独立的。

4.1.3　镜头设计

4.1.3.1　镜头的基础知识

Flash 动画片的基本单位是镜头，镜头是指从一个角度连续拍摄的画面。它须是连续的、没有间断的。镜头分为长镜头、短镜头、一般镜头。分镜头的过程，是把一个故事的画面表现落实到以镜头为单位的具体画面的过程中，画面剧本即为分镜头剧本。

注：关于镜头的景别、景深的概念已在本书第 2 章图形文字动态中做过介绍，这里就不再赘述。本节主要探讨如何根据剧本进行分镜的技巧，其中会包含对景别和景深进行具体使用的方法或技巧。

4.1.3.2　分镜的节奏

绘制分镜脚本时首先要对全片的叙事节奏有整体的把握，根据事件发生的起承转合的顺序分镜，通常镜头的时间感和观者观看时间同故事发生发展时间基本一致。

图 4-48 所示为电影《疾走罗拉》中片头的动画片段，电影是三段式的结构，罗拉有三次奔跑，

图 4-48

这三次奔跑中每一次电影的放映时间与故事中的实际时间基本一致，都是 20min。导演汤姆·提克威对罗拉奔跑的时间与现实时间一致的处理是利用人的心理暗示时间的特点，在罗拉开始奔跑的那一刹那，观众心中的那个"20min"的表便开始滴答滴答地走动，随着情节的跌宕起伏，观众也因为时间的流逝而揪心。罗拉跑到终点，观众心中的表停止。尽管观众对此并没有清晰、明确的认识，但时间的一致让他们感觉到了"舒服"，在最大程度上吸引观众，取得观众的认同。

其次，分镜的节奏也要考虑到情感的节奏，根据故事叙事所蕴含的情感因素分镜能够更好地调动观众的情感。比如，表达紧张气氛时分镜的节奏较快，用多而紧凑的镜头表达情绪。抒情时常用长镜头表达舒展悠扬的情感。有时也用一连串的空镜头表达某种情绪，空镜头又称景物镜头，是指影片中只作自然景物或场面描写而不出现人物（主要指与剧情有关的人物）的镜头。常用以介绍环境背景、抒发人物情绪、推进故事情节、表达作者态度，具有说明、暗示、象征、隐喻等功能，在影片中能产生借物寓情、烘托气氛的作用。

如图 4-49 所示，为动画电影《恶童》中追逐打斗的一组镜头，导演为突出紧张气氛，镜头在角色间不断地切换，紧凑的镜头很好地烘托了气氛。导演在白点火前最为紧张的时刻令人意外地穿插了晴空下鲜花满地的空镜头，这短暂的静止与改组镜头表达的气氛形成了鲜明的反差，暗示白的内心所渴望的美好的幻想世界。电影讲述了在一座破旧的老城宝町里生活的孤儿白和黑的故事。黑和白是两个性格不同的少年，相互依靠。他们不受任何限制，平日里以扒窃为生。他们的生活因为重返宝町的黑道组织而打破，黑道组织颠覆了黑和白的生活并颠覆了整座宝町。影片中的角色能够飞檐走壁，将宝町变成了一个超级大的"运动场"。这样的人物设定造就了动画场景设定和镜头的极大发挥空间。《恶童》中有多处打斗戏，镜头转换自然流畅，这也和电影运用 3D 技术有关，在该技术的支持下电影实现了具有很强真实感和空间感的跟拍镜头等。

最后，分镜的节奏也要考虑动作的节奏，尤其是动作片中，通常镜头的节奏和动作的节奏保持一致。还有就是对于有口形的对白镜头常常以对白的节奏分镜，比如往往是四个汉字的台词为一秒，当然这是中等语速的时间长度；如果角色语速过快，可能会是六七个字一秒，也可以掐秒表控制镜头的时间和说话的时间同步。通常导演对动作幅度和速度有个经验性的判断，然后反推出镜头所需要的时间。不管是对白的镜头还是动作性镜头，我们还是要根据剧本作叙事时间长度的调整，不能死板地完全同动作和对白的时间一致，要让观众能够在一定的时间内理解、消化影片传达信息的含义。

如图 4-50 所示，动画短片《美子的告白》中，镜头的节奏和角色美子告白被拒后发生一连串的意外时的动作节奏基本保持一致，镜头不时地从

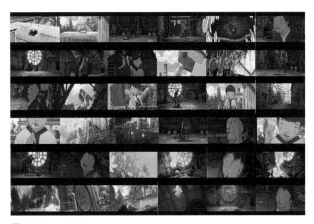

图 4-49

图 4-50

交代美子动作的客观视点切换到美子的主观视点，跳跃性很大，但由于动作的连贯使得镜头在视点的切换中流畅自然。

对于镜头的节奏快慢还要综合考虑景别、景深、镜头运动方式等其他因素，比如小景别、形象简练突出、角色动作表演强烈、光线充足的场景组成的镜头影像，观者更容易接收和理解影片中的信息，需要的时间可能比较短，因此分镜的时间节奏还需酌情处理。

4.1.3.3　通过分镜讲故事

如图 4-51 所示为动画短片《美子的告白》中的部分分镜稿，总体来说分镜时要考虑的要素有以下几个方面：首先从画面来说有景别、景深、机位、轴线、镜头运动等，其次还包括镜头的时间（长镜头，短镜头）、声音和对白。

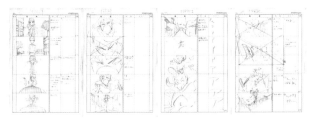

图 4-51

1. 分镜时考虑的要素——景别

在分镜时，镜头景别的选择可以根据故事的起承转合划分，比如在故事开端，交代环境和大背景时可以用全景镜头，在讲述故事时常用到中景、近景和特写镜头。根据故事表述的信息选择不同的景别：全景通常服务于交代环境的镜头，有时为了表现角色大幅度的动作也会用全景；中景在动画中运用比较广泛，中景可以在交代环境的同时进行角色动作及角色间的交流。贴近观众的视觉距离。尤其是在动作戏中比较常用。近景通常用于介绍角色，观众能够清楚地看到角色表情的变化。在对话戏中常用于内反切和外反切镜头（也叫正反打镜头）。特写用于突出刻画被摄对象，主要用于表现角色细腻的心理活动的表情和肢体动作或者是强调对剧情发展具有线索性提示的道具及景物的细节。

下面对奥斯卡获奖动画短片《丹麦诗人》的镜头景别进行具体分析：

如图 4-52 所示，上图开片用大全景交代故事发生的环境背景，丹麦小城介绍诗人凯尔·格鲁森的生活环境。中图用特写镜头强调了诗人凯尔·格鲁森在灵感枯竭时去丹麦图书馆偶然中看到了挪威女作家西格丽德·温赛特的小说《新娘，主人，十字架》，这本书是引发故事发展的关键点，用特写镜头加以强调。下图中景镜头适合表现角色间的交流，也可以包含一定的环境信息。在这个中景镜头中简述了热恋中的女孩伊吉博格和诗人分开时的情景，女孩将自己的头发剪下送给诗人，从此不再剪发直到与诗人戏剧般地重逢。

图 4-52

如图 4-53 所示为近景镜头，表现多年之后在葬礼上偶遇彼此的恋人，近景镜头可以更好地表现角色的表情和动作。这个镜头是从女孩伊吉博格的视角切入的。

2. 分镜时考虑的要素——镜头视角（视点）和轴线

镜头视点分为主观视点和客观视点，主观视点／主观镜头是指片中角色视点的镜头。当角色

图 4-53

在场景中走动时，摄像机代表角色的双眼、现实角色所看到的景象。也就是说从观众（也是导演）的视点出发来叙述的镜头叫客观镜头。从剧中人物的视点出发叙述的镜头叫主观镜头。主观镜头把摄像机的镜头当做剧中人的"眼睛"，直接"目击"在其他场景的人、事、物的情景，它因代表了剧中人物或人物的主观印象，而带有明显的主观色彩，使观众身临其境、感同身受，更好地促进与剧中人物的情绪交流。

导演在运用镜头、选择镜头视点叙事的时候引领着观众观察理解影片信息，视点的不断变换、空间的跨越性转换、时间流程被打散分割，但是通过观众对影片的联想补充使由镜头视点构成的影像信息被理解并最终获得完整统一的视听印象。

轴线是指在处理两个以上角色的"动作方向"和"对话交流"时，在角色之间设计一条假想的直线，轴线原则也叫180°原则。

如图 4-54 所示，画面中的直线为取景时设定的轴线，圆形代表被摄物体。我们发现在取景时都没有越过轴线到达另一侧，当摄影机（取景时）在同一侧 180°内的任意位置时，不管是高角度俯拍还是低角度仰拍等，拍摄到的镜头可以做到在空间上接戏。

在同一侧取景的镜头中插入在另一侧取景的镜头时就会跳轴。跳轴会导致角色交流时出现视线不匹配的错误，也会导致角色或物体运动方向混乱的错误。

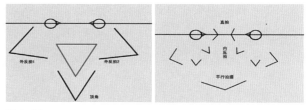

图 4-54

图 4-55 所示为两人对话镜头，镜头 SC1 和 SC2 为反切镜头，SC3 则为跳轴镜头，我们看到 SC3 是 SC2 镜头的镜像。在 SC1 中看到交流中两个角色的视线相交，SC2 特写女人脸部，目光和 SC1 镜头一致，因此给人的感觉是朝向男人。而 SC3 镜头中女人的视线看向了另外一边，好像根本没和男人对话而是被屏幕外的事情吸引住了。

轴线也不是一成不变的，当角色变化位置和方向，角色间的轴线也会随即调整位置。想要越过轴线又不使画面简介不上可以运用运动镜头，

图 4-55

让摄影机跟踪对象从轴线的一侧移动到轴线另一侧也可以通过切出镜头跳过轴线比如从高角度俯拍全景镜头作为轴线的过渡。

3. 分镜时考虑的要素——镜头运动

镜头运动是指镜头的运动方式。①固定镜头，善于表现静止的人物，较客观、冷静，在一组镜头中间往往用于主、客观镜头的对峙和反应或镜头的组接；②摇镜头，摄影机位置不动，镜头轴心作水平或垂直运动；③移动镜头，摄影机本身的运动，纵向和横向的运动。

固定镜头有推镜头、拉镜头，还有变焦镜头。变焦镜头也叫移交镜头，是运用景深在不同层次上移动焦点的镜头运动方式。变焦镜头通过对准物体的虚实可以很好地引导观众的视线。

如图 4-56 所示为《送你一片海》的镜头，作者：张璇。左上图为大景深镜头，运用大景深可以获得从前景到远景不同层次影像都是清晰的效果，层次丰富，可以让观众在画面中寻找自己感兴趣的信息。而运用浅景深的镜头可以使镜头焦点落在想要强调的画面信息层，使其他部分的画面处在不同程度的模糊状态，这样能够使观众更容易获取导演想要传达的有效信息。右上图焦点在前景女人身上，左下图焦点在远景男人身上，右下图焦点则落在了远景的珊瑚丛，处理这种面向摄像机的镜头时，可以运用变焦镜头使前后两个角色进行交流。

推镜头是指把被摄物的局部从整体中放大在镜头画面里面的拍摄方式。拉镜头是指把被摄物的整体从局部开始囊括进镜头画面里的拍摄方式。运用推镜头给观众带入感，比如在故事开篇交代影片的环境和背景，运用推镜头给观者的感觉是从外部环境逐渐进入故事发生的场景中去的过程。推镜头有时也可以用来从对象群体中突出想要突出的角色，或是突出角色表演时的局部部位、道具及场景的局部等。运用拉镜头可以表达一个镜头的结束，或表达作为段落或全片的结束等，有抽离出故事或镜头的感觉。运用拉镜头可以渲染情绪，产生意境美感，在拉镜过程中进行主客观视角的转换，富有诗意。运用推拉镜头要适度，

过度地使用推拉镜头会造成观众的眩晕感，起到了反作用。

如图 4-57 所示为《天才嘉年华Ⅱ》中表现小男孩掉入梦境深渊中的镜头，采用了推镜头的处理方式，客观视角的运用使观众感觉到自己也一同向深处坠落，画面具有很强的视觉冲击力和节奏感。

如图 4-58 所示为《天才嘉年华Ⅱ》中的一

图 4-56

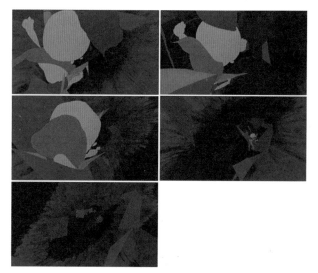

图 4-57

图 4-58

个拉镜头，从小男孩的眼镜特写拉至全景，从男孩的惊讶表情到水中的孤岛，交代了男孩所处环境令他吃惊，拉镜头的节奏很快，情绪渲染到位。这种推拉镜头在运动过程中可以带给观众惊喜，使观众好奇镜头外或镜头深处到底有哪些意想不到的画面，在推镜或拉镜开始时让观众知道镜头信息的一部分，观众想知道的另一部分留在推镜或拉镜的最后。

摇镜头是改变拍摄角度，机位固定。摇镜头分为横摇镜头、竖摇镜头和斜摇镜头三种（图4-59）。横摇镜头是在机位固定的情况下，指摄影机机身在水平方向转动的拍摄方式。其效果同观众在水平方向转头过程中看到的影像画面一致，横摇镜头的最大范围是360°。竖摇镜头是指在机位固定的情况下，摄影机机身在垂直方向转动的拍摄方式。其效果同观众在垂直方向转头过程中看到的影像画面一致，竖摇镜头的最大范围也是360°。斜摇镜头是指在机位固定的情况下，摄影机机身斜向转动的拍摄方式。其效果就像观众从左上角的顶棚到右下角的地面的转头过程中看到的影像，斜摇拍摄的角度是在倾斜方向上的变化。斜摇镜头可以交代环境，还可以作为主观镜头使用，因为摇镜头和人正常的视线转移效果相同，因此用作主观镜头与角色的视线一致，得到的画面自然流畅。

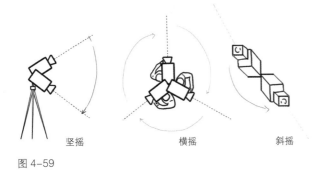

图 4-59

如图4-60所示为《大炮之街》中的斜摇镜头，导演是日本著名动画家大友克洋。镜头从顶端红色的主控制室向右摇摄，移动到下层蓝绿色的地板上，移动的方向和父亲角色目光的方向一致。《大

图 4-60

炮之街》是大友克洋的代表作，用一个流畅不断的长镜头完成角色和场景设定比较复杂的影片是极为困难的，其中大范围的摇移拍摄方式的运用，具有很强的实验性，是一部杰出的动画短片。

如图4-61所示为《大炮之街》中的平摇镜头，摄像机机位布置在右侧，视角比较低。场景跟随母亲角色的动作从饭厅转换到厨房，摄景范围有

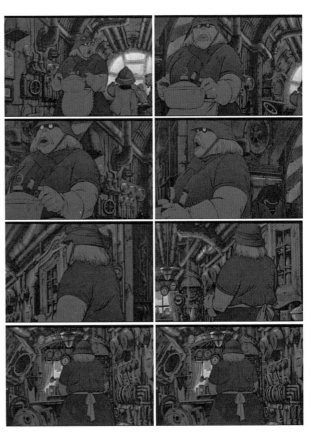

图 4-61

近180°。

在摄影机保持拍摄角度不变的情况下使机位产生运动所拍摄到的画面叫做移动镜头。移动镜头包括水平移动镜头、升降镜头和跟镜头。水平方向的镜头包括横移镜头和环形镜头，机位在水平方向移动就是横移镜头；机位在水平方向环形移动就是环形镜头。

如图 4-62 所示，在横移镜头中我们发现摄像机的角度并没有改变，而是随着轨道左右滑动，在横移的时候看到的在同一视平线上镜头中的消失点是不断变化的，如图中所示摄像机的角度是正面的，所以拍摄出的画面是一点透视。移动镜头和摇镜头的区别在于摇镜头机位固定、镜头角度不断变化，所拍摄出的画面呈现出一点透视、两点透视等不同透视间的变化过程。而移动镜头机位沿轨道不断变化，但镜头的角度并不改变，所拍摄的画面呈现同一类型透视间的相互转化过程，比如一点透视的景物不断地变换更迭。

如图 4-63 所示为 Flash 动画短片《塑料袋大

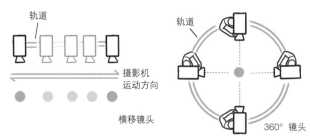

图 4-62

图 4-63

事件》（作者：张璇）横移镜头（上图）和横移场景的设定稿（下图）。横移镜头用来记录静止的景物和物体，地点和时间事件的转换也可以用横移镜头来实现。图中镜头在平移中交代了塑料袋生产、使用、遗弃、不当回收的过程，讲述使用一次性塑料袋既浪费了资源又污染了环境。

图 4-64

如图 4-64 所示，移动场景构图可以在平移镜头时造出有趣而又流动的视觉效果，在进行镜头内的场景和道具设计时具有高低错落的流线形态使镜头在平移中增加了节奏和动感。

环形移镜头可以改变对话镜头的沉闷，打破内外反切镜头不断重复使用的单调，增加画面动感和流畅感。其中，360°镜头常用来渲染角色情绪或渲染场景意境，效果突出。

如图 4-65 所示为动画短片《Anima.Mundi.Vol.2.-.Repete.》，作者：蜜雪拉·帕拉多娃（Michaela Pavlatova）。片中大量运用移动镜头，体现角色之间的空间关系，暗示角色之间的关系。

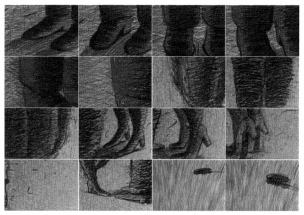

图 4-65

图中镜头从男人的腿到男人和女人的脚，到特写女人踮起脚尖的动作，再到两只虫子由远及近向屏幕方向的环形移动，镜头将时间和地点跨度很大的角色通过镜头联系起来，暗示他们之间存在的联系。环形镜头具有实验性，使观者从各个侧面观察被摄物体，多角度了解镜头中的信息，对渲染角色情绪和意境起到了关键作用。

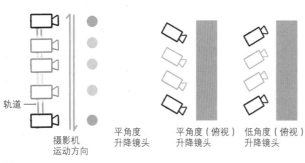

图 4-66

升降镜头是指在摄影机保持镜头角度不变的情况下，使机位产生纵向运动所拍摄到的影像画面。

如图 4-66 所示为升降镜头图例，绿色为被摄物体。

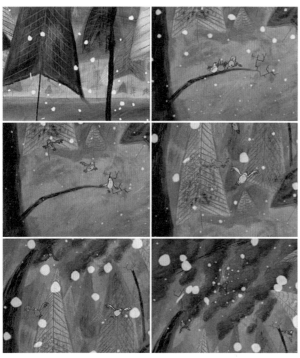

图 4-67

如图 4-67 所示为《L'Enfant.au.grelot》，作者：雅克－雷米·吉雷尔德，图中为低角度（仰视）升降镜头，镜头跟随小鸟飞行的方向从树林到天空，交代了影片的环境背景。

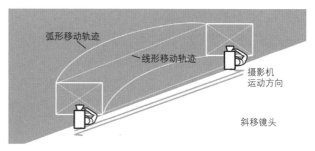

图 4-68

移动镜头还包括斜移镜头和航拍镜头。斜移镜头是指在摄影机保持镜头角度不变的情况下，使机位产生斜向运动所拍摄到的影像画面。斜移镜头包括弧形斜移和直线斜移两种（图 4-68）。

如图 4-69 所示为动画短片《L'ECOLE DE L'IMAGE,PRESEMTE》中的一个直线斜移镜头，镜头跟随手拿长针的女孩从上向斜下方移动，女孩一路缝合因为战争损坏的建筑物。镜头的角度始终是平视角度，在移镜过程中并没有变化，机位从左上向右下倾斜直线运动拍摄画面。该短片

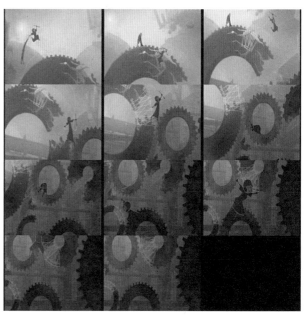

图 4-69

入选 2010 年昂西动画节，片中光线细腻柔和，人物角色生动，场景层次丰富，具有透气感，该片成功地表现了男女主人公面对战争的不同态度和情感，女主人公面对战争带来的伤害在悲伤的同时勇于面对，用手上的针线修补残破的男孩和生活环境。而男孩从不敢面对现实自暴自弃到成为战争破坏的一部分，两个人的态度和表演形成了强烈的对比，发人深省。

　　航拍移动镜头是指在空中俯视的拍摄角度，在航拍角度上横向、斜向、纵向移动机位得到的拍摄画面通常具有大景别的特点。

　　如图 4-70 所示为航拍旋转镜头，画面为大场景俯拍镜头，模拟从飞机向下拍摄到的画面效果，视觉消失点在中心区域。

　　跟镜头是指运用移动镜头的方式跟踪运动着的被摄对象进行拍摄的方法，跟镜头的视觉效果流畅连贯、一气呵成，大多情况下保持水平方向或垂直方向的拍摄角度不变，跟镜头始终跟随拍摄一个在行动中的表现对象，进而连续且详尽地表现被摄物（角色或物体）在运动中的动作和表情，既能突出被摄物又能交代其运动方向、速度、体态及与环境的关系，给观众身临其境、尾随在被

摄物后的临场感。一般来说跟镜头的节奏同被摄物的运动速度和方向保持一致，被摄主体在画面中的位置相对稳定，并且景别保持不变。跟镜头中的背景景物动感强烈，背景持续流动的画面形成美感，渲染情绪和气氛。

图 4-71

　　如图 4-71 所示为动画短片《Dripped》中的跟拍镜头，描写男主人公在警察围捕时吃下毕加索的画后变成画中人物逃跑的过程，是以平视角度跟拍男主人公跳跃、攀爬至房顶的镜头。

　　如图 4-72 所示为动画短片《extrospekcja》，是由一个跟拍长镜头组成全篇，跟拍的角色或物体随着镜头的推移不断变化。跟拍过程中的物体从模糊到清晰，从镜头里走向镜头外，整片的视角为拍摄者的主观视角，感觉就像是以观众的视角在街道上行走所看到的画面景象，镜头节奏和行走的节奏相同，画面富有动感。

　　如图 4-73 所示为动画短片《DRIPPED》的高

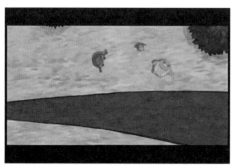
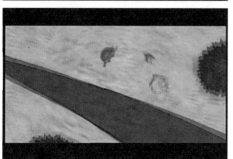
图 4-70

图 4-72

图 4-73

图 4-74

角度跟拍镜头，镜头跟随吃了描绘天使的油画的男主人公长出了天使翅膀后脱去衣服，像天使一样飞翔、翻转，从室内飞出室外翱翔在天空中俯瞰城市，镜头俯拍房间内和室外城市，随着跟拍镜头巧妙地变换场景。

在分镜时镜头的拍摄手法为讲述故事服务，要考虑叙事的目的、角色的情绪、场景的气氛所需要的镜头表现方式，在设计时要考虑到景别、景深、视点、机位、角度、镜头运动等多个因素，以求达到最佳的叙事效果，充分地调动观众的情绪。

4.分镜时考虑的要素——蒙太奇

Flash 动画片通过镜头讲故事，镜头之间具有一定的"逻辑关联性"，正因为镜头之间具有这种关联，观众能够更好地理解导演所要表达的信息和含义。这种"关联"的手段就是我们常说的"蒙太奇"。蒙太奇是为剪辑服务的，导演在分镜时要考虑到镜头与镜头之间的过渡方式。

光影转换——光影蒙太奇，光影能够渲染场景气氛、表现角色情绪、刻画角色性格、提示重要情节点等。通过光影将镜头巧妙地链接，光线的明暗通过转白转黑进行镜头的转换，也可以通过光线的运动方向进行镜头的衔接，通过光影蒙太奇使镜头过渡自然、流畅。

如图 4-74 所示为法国昂西动画节①的入选影片《灯塔》，灯塔的光影连贯全篇，使影片的风格统一整体，光影在这里使镜头间衔接自然，灯光转黑转白暗示镜头的结束或开始，灯塔射出的强

光在不同的镜头中不停地变换角度和方向，顶光、侧光、逆光、背光等，光线丰富细腻。每个镜头中被光照亮的部分是作者叙事的视觉中心区，角色被光影塑造得更厚重、更立体。

如图 4-75 所示为动画短片《黑暗恐惧》，片中通过灯光渲染了恐怖气氛，镜头中的环境基本处在黑色的阴影下，只有局部处在亮光处，为白色，黑白对比强烈，通过光照射在物体上形成的受光区能够看到人物的动作和表情。镜头在黑色的阴影间流畅地转换，贯穿全片。大面积的黑色造成了灵异和惊悚的视觉感受，形成了独特的视觉风格。

时刻转换——时间蒙太奇，通过镜头表现时间的转换或者延续，表现时间可以通过一个镜头，也可以通过一组镜头。时间转换时可以选取某个固定场景，虽然镜头中的场景相同但角色的动作和表演可能不同，或者场景中表现时间的元素不断地变化。

如图 4-76 所示为《丹麦诗人》中女孩等待诗人的回信的镜头，女孩站在邮筒前，等待诗人的信，镜头中的树叶的掉落、雪花的飘舞、厚厚的积雪表现了四季的交替，用镜头表现了时间的流逝。

场景转换——场景转换也是分镜头的依据之一，场景转换讲述不同的时间和地点角色发生的

① 法国昂西动画节是目前世界上规模最大、水准最高的国际动画节之一，创立于 1960 年，迄今已举办 27 届，是国际动画领域的盛会。成立至今已有 45 年，享有"动画奥斯卡"的美誉，其下设的动画长篇、动画短片、电视动画等奖项为世界动画节的最高荣誉。

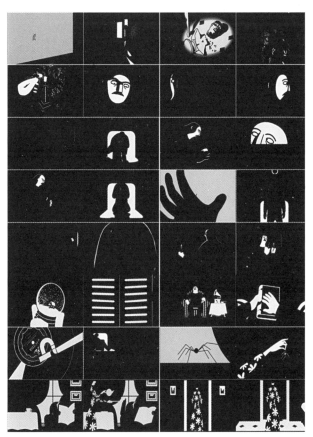

图 4-75

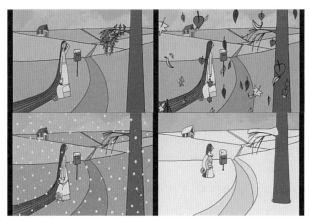

图 4-76

白的叙事状态，再或者突出角色表情，表现角色情绪）；②后退句：特写—近景—中景—全景；③环形句：全景—中景—近景—特写—近景—中景—全景。这种蒙太奇句子在叙事场景中较为常有，比如前进式句子可以从交代故事的背景到讲述角色在场景中的表演等；场景转换也可以具有很强的跳跃性，比如表现情绪紧张、跳跃、激烈的场景时用传统的分镜手法显得古板拖沓，这时可以根据情节在不同的场景或景别中大幅度地跳转，比如从大全景到特写镜头等。在场景或景别转换时由于空间和时间上的跳跃很大，因此要注意连贯镜头的视觉线索，比如相同的人物角色、相同的某个道具等。场景转换由于交代了较多的环境，可以使叙事更完整、客观。

　　如图 4-77 所示为《就等事情都经过》中的镜头，在场景的转换中链接镜头的线索是角色一直侧面行走或原地跳跃，场景从车站、街道到海边不断转换，由于人物在动作上的延续性这一线索使我们感觉到镜头也是连续不断的。

图 4-77

事件。场景转换可以有一定的延续性，比如同一场景虽然取景机位不同或景别不同但是仍感觉到镜头是在同一场景中不间断地连贯拍摄。为展开情节服务的镜头群就是比较传统的前进式蒙太奇句子：①前进句：大全景（交代环境的远景镜头）—全景（交代角色和环境）—中景（突出角色的动作或状态）—近景、特写（进入角色动作或对

　　动作转换——依据动作的变化分镜头，动作片中常用这种分镜方式。动作也是镜头间衔接的手段之一，比如角色在上一个镜头中右侧走步跨出镜头，紧接着在下一个镜头中左侧走步跨进镜头，上下两个镜头通过角色的动作和方向进行了很好的连接。通过动作的变化可以感受到时间的变化，镜头间通过动作转换过渡自然，动作的发

出者通常是同一角色，否则会使镜头的画面混乱。在跟镜头中常用动作转换的方法分镜。

对象转换——常用在对话镜头中，是根据拍摄对象的转换分镜的手法。在拍摄中根据叙事的需要不断地转换被摄对象，比如对话场景中的内外反切镜头也是对象转换的分镜方法。对象转换中有很多特写镜头，更强调角色情绪的变化。

视角转换——通过改变视角或者说机位的拍摄角度进行分镜，通过视角转换可以强调同一情节中的不同视角，事件发生的不同角度，也可以更多面地表达角色间的情感，渲染气氛。

课堂练习1：根据提供的故事情节按照不同的分镜方法讲述故事。

SC1：女人进入森林

SC2：（……情节自己填充）

SC3：寻找到了男人

要求：用不同的分镜方法完成，不超过四格分镜绘制。

练习实例分析1：

如图4-78所示，使用了动作转换的方法进行画面的分格。SC1特写女人在草丛中行走的腿。SC2特写女人扒开芦苇的手部动作。SC3特写女人惊讶的表情和手捂住嘴的动作。SC4近景描写男人将帽子摘下和女人相遇的情景。通过一系列的动作形象地描述了女人在森林中寻找男人的过程，具象且生动，通过这一系列具有典型性的、急切的动作连贯镜头。

练习实例分析2：

如图4-79所示，使用了视角转换的方法进行画面的分格。SC1正侧面的机位，全景交代女人所在的环境背景，女人在长满芦苇的水塘艰难地行走。SC2正面特写镜头拍摄女人看到前面景象时惊讶的表情。SC3外反拍中景镜头拍摄男人和女人相遇的场景。上下两张图用不同的方式分镜得到的画面和镜头的节奏也不相同，上图中镜头的节奏紧凑，有紧张感；下图中镜头的节奏舒展，充满隐含的情感和叙事的诗意。

课堂练习2：根据提供的故事情节按照不同的

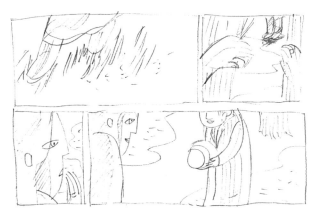

图4-78

图4-79

分镜方法讲述故事。

SC1：女人走了过来

SC2：（……情节自己填充）

SC3：男人说："那就这样吧"

要求：用不同的分镜方法完成三格分镜绘制。

练习实例分析：

如图4-80所示，使用了对象转换的方法进行画面的分格。SC1外反拍镜头中女人是画面的主要拍摄对象，她走进镜头画面，将一张卷着的纸递给只露了半张脸的男人，分镜的视角为客观视

图 4-80

角。SC2 为特写镜头，是男人的主观视角，拍摄对象为男人手中接过的离婚协议书。SC3 镜头从正侧面拍摄的主体对象是男人，他一边签字一边说："那就这样吧"，女人在屏幕的次要位置，分镜的视角为客观视角。通过拍摄对象从女人到纸再到男人的转换完成了叙事。

图 4-81 中的三个画面根据场景的转换进行分镜叙事。SC1 为超市场景，女人走进画面，她推着车在货架的转角处遇见男人。SC2 为超市收银台前，女人和男人再次相遇，在收银台寒暄。SC3 中为超市大门内的电梯口，女人和男人各自买完东西告别的场景，男人最后说"那就这样吧"。三格中的景别不同，人物距离关系也有微妙的变化，

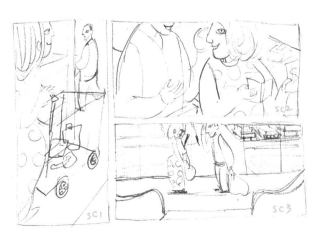

图 4-81

叙事比较完整。从上述两个例子中我们看到同样的脚本，通过分镜可以讲述不同的故事和画面，在对象转换的分镜（图 4-80）中讲述了一对即将离婚的夫妻悲伤地相遇，分手时的无奈黯然；在场景转换的分镜（图 4-81）中讲述了一对久未见面的熟人欢乐地相遇，分别时的淡然。

在分镜时可以依据光影转换、时间转换、场景转换、动作转换、对象转换、视角转换的方法合理地分镜，在镜头过渡时也要注意剪辑的手法。剪辑中最常用的手法为切镜头，切镜头是指前后两个镜头直接相连的剪辑方式，适用于场景之间和镜头之间的剪辑，尤其是对一场戏中的镜头来说，切镜头使用最多。值得注意的是切镜头也可以使镜头间连接更自然流畅，依照动作匹配、景别匹配、视线匹配、光线匹配、位置匹配、表演匹配剪切镜头，增加镜头之间在视觉上的相似性，因此常用在切镜头中。下面拿动画短片《周游山海经》作实例分析，作者寇丽莎用岩画风格来表现《山海经》的古朴与神秘。片中出现很多奇花异石、古神、神兽等，向观众展现了山海经绮丽的面貌。全篇镜头流畅，镜头剪辑时注意匹配原理使视觉画面连贯，一气呵成。

如图 4-82 所示，镜头中采用了动作匹配的原理，上一个镜头中女孩从上跳下出镜，下一个镜头中女孩从上个镜头出画的位置入画，镜头衔接流畅自然。动作匹配的一种情况是设计角色的动

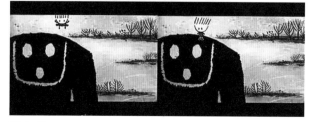

图 4-82

作在前一个镜头开始，在下一个镜头结束，而不是让角色的动作在一个镜头里完成，角色跨越了两个镜头。另一种情况是设计的角色，从上一个镜头出画，下一个镜头角色沿着出画的方向和位置进入画面，使原本没有逻辑关系的镜头之间产生视觉上的联系。这种方法很容易让观众跟随动作的趋势自然地进入下一个镜头，从而达到掩盖剪辑痕迹的目的。

如图 4-83 所示，镜头中采用了表演匹配的原理，上一个镜头的表演是下一个镜头中的表演产生的原因，也就是说下一个镜头中的动作和表演是上一个镜头中表演的反应，这种镜头也叫反应镜头。反应镜头将观者的注意力引导至对上一个镜头影像作出反应的反应者身上，运用时注意视线的连贯。图中 SC1 中巨人用手将女孩举向树冠，下一个镜头女孩从巨人的手中跳入树冠探险，SC3 中女孩不小心掉进了树冠深处，镜头中的角色表

演连贯，使得镜头衔接自然。

如图 4-84 所示，镜头中采用了视线匹配的原理，视线匹配是指上一个镜头是客观镜头表现角色的视线，下一个镜头则是主观镜头交代角色视线方向看到的景象。图中女孩转头朝向右面露出惊讶的表情，下一个镜头观者会期待着看到女孩为什么惊讶，因此切入女孩看到的树木枯萎、动物瘫软的景象，回答观者的疑问。视线匹配可以调动观众的好奇心，使观众很好地融入影片。

如图 4-85 所示，镜头中采用了景别匹配的原理，景别匹配有两种情况，一种是下一个镜头是上一个镜头景别上的缩小或放大，镜头画面内容基本相同，采用了切镜头。另一种是两个镜头景别相同或相近，画面内容有所不同，但由于相同或相近的景别使画面产生视觉联系。图中属于第一种情况，上一个镜头交代后羿射日的全景镜头，下一个镜头直接切后羿射日的近景镜头强调射日的动作，两个镜头内容相同，连接自然。

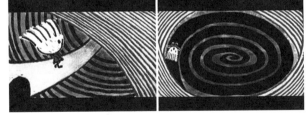

图 4-83

图 4-85

在剪辑时除了运用切镜头的方式，我们还可以为镜头加入淡入、淡出、转白、转黑、叠化、划等。淡入常用作影片的开始，镜头从黑屏逐渐转变为清晰影像，将观众慢慢带入故事。淡出则相反，由清晰影像转为黑屏，暗示段落或影片的结束。淡入、淡出可以表现两个场景在时间上的距离感，上一个场景淡出后接下一个场景淡入。叠化是指上一个镜头淡出的同时下一个镜头淡入，两个镜头有一段时间叠印在一起，整个过程不出现黑场。叠化可以用于闪回到角色的回忆或者插叙的镜头，也可以根据上下两个镜头间相似的形状、颜色、角色动作等形式内容进行叠化过渡。划指下一个

图 4-84

镜头横向、纵向、斜向运动或变化图案取代上一个镜头画面，上下两个镜头间没有叠印痕迹，有清晰的界限，使用起来有幽默感和形式感。

如图 4-86 所示，为动画短片《饕餮》中的镜头（作者：张璇）。镜头间运用了叠化过渡的剪辑方式。上下两个镜头间角色的眼球和餐盘中的地球有着相似的形状和位置，这使镜头衔接更为流畅。

图 4-87 中前后镜头间的过渡用划的剪辑方式，上一个镜头描绘的是暴风雨中的海面，波涛汹涌，暗藏危险与杀机。下一个镜头描绘的是人的特写镜头，上下镜头间通过和平鸽飞过图案过渡，象征着鸽子带走黑暗，带来了新的希望。

在一个场景和一段不间断的叙事中，连接镜头的剪辑点要考虑上述内容中使镜头衔接流畅的要素。例如，角色的视线、动作、方向等这些体现时空完整性和连续性的细节就是我们所说的剪辑点。

5. 分镜时考虑的要素——构图

镜头的构图依照剧本段落内容、不同的场景

和角色在镜头画面中合理地布置各元素间高低纵深的关系和比例。不同的构图给观者的感受存在差异，比如对称的构图给人稳定、庄重、肃穆等感受，比较适合正剧或悲剧的剧情，用于喜剧表达幽默就会显得呆板、缺乏生气。设计分镜构图时要考虑前景和后景、背光和受光部分、角色和场景比例、静态和动态、色调冷暖的平衡关系。

如图 4-88 所示，为《天才嘉年华》中的镜头，镜头内背光部分的前景和受光部分的后景在画面构图中所占面积比例均衡。受光和背光部分很好地区分了前后景，突出了画面的纵深感和空间感。

构图也有开放式构图和封闭式构图之分。开放式的构图更接近真实，可以容纳观众、非角色和其他事物的存在，主要角色布置在其中会被无关因素遮挡，这种构图往往能容纳大量的开放性信息，具有较深的画面空间美感，主要信息点和角色的表演会跟随情节的深入逐渐浮现出来。而封闭式构图更强调信息点和情感，画面中只有跟情节相关的人、事、物，在构图上更为清晰、明确，有强烈的设计感。

图 4-86

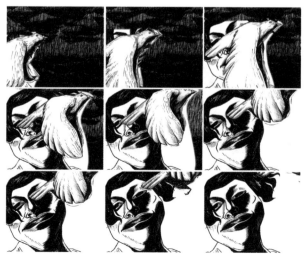

图 4-87

图 4-88

图 4-89

图 4-90

众从大环境中逐渐聚焦到主要角色身上。

构图时除了选取常见的仰拍、平拍、俯拍等视点镜头外，还可以使用特殊视点的构图方式，比如鱼眼镜头、滤镜镜头等，使镜头具有独特的美感。

图 4-91 中画面构图在透视上采用了滤镜镜头，镜头中的角色向两个方向倾斜站立，使画面产生了张力，视觉效果独特。

图 4-91

图 4-89 所示为封闭式构图画面，画面中交代了场景森林和三个主要人物，除此之外再无其他信息，上图为高角度俯视大全景画面，下图为全景平视画面，人物和景物比例适当。该片画风细腻，水彩效果熏染丰富，具有很强的艺术感染力。

图 4-90 所示为开放式构图画面，画面中除了穿黄色衣服的主要角色外还设计了其他人物来表现车厢内的场景气氛，随着主要角色的表演，观

图 4-92 所示为动画短片《异度空间》的鱼眼镜头，由日本著名动画工作室 studio4℃[①]制作，鱼眼镜头类似哈哈镜效果，中间放大变形，两边缩小变形，因此鱼眼镜头中的角色和景物会出现畸变效果，尤其是可以使角色表演时随着移动和远近位置不同产生夸张变形的生动的视觉效果。

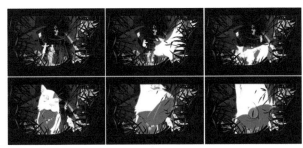

图 4-92

① studio 4℃（四度工作室），成立于 1986 年，创立人田中荣子和森本晃司为了能够制作出商业动画外的具有个性和想法的动画片，体现动画这种题材的丰富性和多变性，同后来加入的佐藤好春组建了工作室，取名为 4℃，因为在 4℃ 的时候水的密度最高，此名字寄托了他们"做出比一般动画更高密度、更高质量来"的目标。1995 年在大友克洋担任监督的三个动画短篇集剧场《MEMORIES》中的出色表现，奠定了 studio 4℃ 在业界的地位。除了承接商业动画外，studio 4℃ 先后制作了《音响生命体》、《SPRIGGAN》、《ARETE 姬》、《永久家族》、《黑客帝国动画版》、《Digital Juice》、《GRASSHOPPA》、《魔法少女阿露丝》、《MIND GAME》等动画长篇和短篇。

构图中要尽可能地突出镜头中的关键信息点，为了突出被摄主体可以采用下面介绍的几种手段：①将主体安排在画面透视的中心位置，吸引观众的视线。②通过空气透视法模糊前景或后景，突出主体所在的区域，焦点所在的部分清晰可见。③弱化不必要的细枝末节，可以利用镜头中的光影效果，将他们处在阴影部分，将主体置于受光区，突出主体。④通过角色的视线突出主体，视线相交的位置是焦点所在。

4.1.4　原动画设计

4.1.4.1　原动画设计概述

动画片的核心就是绘制和表演，动画和原画是使动画片里的每一个角色能够在银幕上活动起来的原因，类似于故事片里的演员（图4-93）。所不同的是，他们不是以自身的形象和动作与观众直接见面，而是通过创作者的智慧和画笔去塑造动画片里的各类角色，赋予静止的人物形象以生命和性格，使他们栩栩如生地活动在银幕和荧屏之上。原画和动画对一部动画片的成败起着至关重要的作用，这包括以下几个需要动画师考虑的因素：①原画和动画人员对导演意图理解的深度，表现出对分镜中角色表演的还原度；②对人物形象掌握的准确性使人物在表演中具有很强的辨识度；③对角色性格特点的把握及想象力是否丰富，创造出具有角色个人性格的特征性动作；④动画技巧运用是否熟练决定了动画是否流畅，动画的张力使影片产生独特的魅力；⑤动作表情画得是否生动、准确地表达情绪等。

图4-94所示《骄傲的将军》动画片中渔夫的原画设计，将渔民自豪地对将军夸奖渔民的剑法

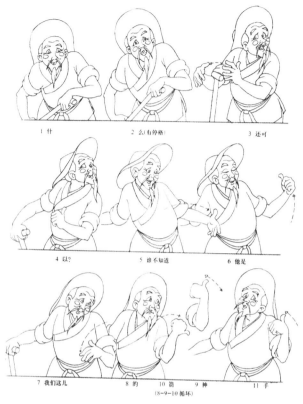

图4-94

表现得淋漓尽致。

原画是角色的动作设计者，是运动过程的关键动作设计。原画的职责和任务是：按照剧情和导演的意图，完成动画镜头中所有角色的动作设计。动画也称中间画，动画的职责和任务是：将原画关键动态之间的变化过程，按照原画所规定的动作范围、张数及运动规律，一张一张地画出中间画来。动画就是运动物体关键动态之间渐变过程的画。在动画片中，所有完整的连续性动作都必须经过原画（关键动态）和动画（动作中间过程）这两道工序的分工合作、密切配合才能完成。

如图4-95所示，为角色从正常坐姿到向后仰的动作，这里设计了一个预备动作，也就是说想

图4-93

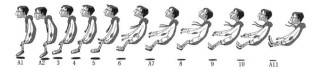

图4-95

要向后仰先要有个向前倾的力支撑，这样动作才会流畅、自然。图中 A1、A2、A7、A11 为原画，其他为中间画。动画张数较多，因此速度缓慢、细腻。

在设计原画时要考虑循环动作和分层，①循环：重复的动作可以使用循环，减少工作量。②分层：在设计原画时可以将角色的动作分解开，分别放在不同的层，这样大大降低了动画绘制的难度，提高了动画的绘制效率。

图 4-96 所示为最下面的背景层，原画 A1、A2 和中间的 1 张动画构成了循环动作，这样就使原本在镜头中的主体不动的播放机产生抖动的效果，更好地配合播放机其他层的动画。天空中星星发出忽闪忽闪的光。

图 4-97 所示为播放机镜头运动的原动画分解，在背景层之上。

图 4-98 所示为播放机上面的胶盘，原画 A1、A8 和中间的 6 张动画构成了旋转一周的循环动作，是这个镜头最上面的层。因为是循环动作，而大大降低了绘制的张数。

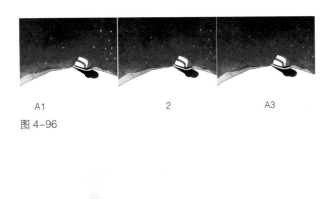

A1　　　　　2　　　　　A3
图 4-96

图 4-97

A1　2　3　4　5　6　7　A8
图 4-98

图 4-99 所示为动画短片《就等故事都经过》第一个镜头的最终画面效果，利用分层和循环降低了绘制原动画时的工作量，将播放机分成 3 层绘制，并在后期软件中将分开的层编辑在一起，并在星星和投影光束上添加 AE 发光效果，使画面更柔和，提高了生产效率并得到了较为理想的视觉效果。

图 4-99

4.1.4.2　原动画设计步骤

一个原画人员，不但要具有绘画和表演的才能，更重要的是必须熟练掌握原画创作的技法和理论，才能胜任这项复杂而又繁重的工作。原画人员是参加动画片制作的一个摄制组，在导演的统一领导下进行创作和绘制工作。它的顺序可以分为以下几个步骤。

1. 研究分镜头画面台本

导演的分镜头画面台本是制作完成动画片各道工序的蓝本。原画在工作开始前，首先要仔细阅读分镜头画面台本，了解影片主题、故事情节、人物性格、艺术风格和镜头处理等导演的总体构思，对每一场戏、每一个角色的创作意图有一个全面的认识。然后，对导演所分配给自己的一场戏或一组镜头进行认真思考，构思一个较为完整的原动画的创作设想。经过同导演的交流和磋商，取得认可之后方可进入具体的绘制过程。

如图 4-100 所示，为动画短片《饕餮》分镜手稿（上图）和最终成片稿（下图），作者：张璇。饕餮是一种最早出现在商周时期的青铜器上的装饰图案。饕餮是一只目露凶光的怪兽，商周时期

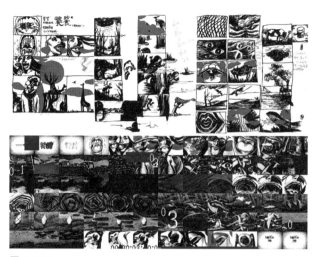

图 4-100

把饕餮的形象铸到盛食物的鼎上，是要告诫人们不要像饕餮一样贪吃。《辞海》解释道："贪财为饕，贪食为餮。"取名《饕餮》是想通过这一词语表达由于人类的饮食过度导致生态失衡，希望作品能够引起人们对生态、濒危物种的高度重视，不论是饮食还是行为上都以"良知"为出发。饮食和生态失衡看似无关联，但是从食物链到生态圈就像是蝴蝶效应，没有饮食的需求就没有杀戮，也就没有物种的消逝，全篇由人张嘴的特写开始，由人的眼睛特写结束表明了我们在对待生态失衡上的态度，不能将"嘴"作为行事的出发点。动画短片的结构上以时间线和空间线为横纵两条思考线索，空间上依照生态链中的森林、草原、湿地、海洋这几大部分展开叙事。在时间上，每一个镜头的结束都是以嘴从开到合为贯穿，明确了主题。在风格上，运用钢笔速写式的线条同一定面积的矢量化、图形化的色块形成粗糙及精细的对比。色彩上采用强烈的黑白对比，视觉上具有节奏的变化。

2. 熟悉角色造型和人物性格

原画为了准确地表现角色形象动态，塑造性格鲜明的各类人物，首先要认真熟悉影片中每个角色的造型特点，例如，形象比例、转面变化、结构、服饰和脸形特征等。

图 4-101 所示为《通灵男孩诺曼》角色 4 面图（上图）和角色表情设计图（下图），设计原画时要准确把握角色的比例和表情，以免在绘制动作时出现跑形。

图 4-101

如图 4-102 所示，在设计原画时可以多练习角色的特征性动作，在熟练掌握角色动作和行为模式的同时将这些能够表现角色性格和情感特征的标志性动作灵活地运用到原画的设计中去。

3. 掌握镜头画面设计稿

动画设计稿是根据动画特有的画面分镜头，进行动作设计、场景设计等镜头画面设计工作。

图 4-102

它提供给原画、动画、绘景、摄影等后续工作具体的动画施工图。

图 4-103 所示为长篇动画《哪吒闹海》中的一个镜头的设计稿,图中标明了镜头为平移拉镜头,拍摄跟主角哪吒的运动方向一致,镜头的节奏和哪吒动作的节奏具有关联性,因此在设计哪吒的原动画时要考虑镜头的时间长度。

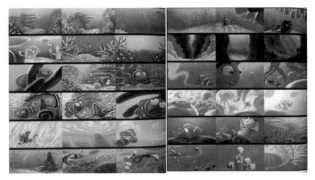

图 4-104

图 4-103

在开始着手设计稿之前我们有必要先了解一下彩色分镜头气氛图。彩色画面气氛图,是影片中负责美术设计的专业人员,根据导演提供的画面分镜头中的要求和提示,进行制作的,所以镜头的一些技术、技巧,在画面中也都有所表现,例如一些常规的推、拉、摇、移等移动镜头画得很清楚。这给做设计稿的人员,提供了一个比较便捷的工作依据,特别是一些光源的处理,镜头与镜头之间光的变化、照射的方向,都要把握好,整理清楚。所以说,作为画面设计稿的工作人员,也应该对彩色分镜头气氛图,有比较充分的了解,这样工作起来才能得心应手。

如图 4-104 所示,动画影片《Finding Nimo》海底总动员的彩色分镜头气氛图比较直观地反映出了整个影片的总体视觉效果,场景之间的色彩过渡十分清楚。给人的感觉,就像欣赏静态影片。设计原动画时,可以根据这些画面气氛图,把动作的具体要求,幅度、节奏等实施出来,后续的工作则更为顺畅。

4. 根据画面分镜头台本进行设计稿创作

设计原动画时需要根据画面分镜头的各种要

求和提示,把导演的要求逐步地在设计稿上表现出来。先在空白的 Flash 舞台中,把镜头框的尺寸定下,制作好黑幕,这样在生成 Flash 播放文件时就不会出现穿帮情况。然后,要把具体的镜头号码、集数、页码、画框规格、层数、背景号码等一一标在指定的层上,然后再确定画面中人物的构图位置和大小比例,一步一步地实施。

如图 4-105 所示,为 Flash 动画短片《塑料袋大事件》在 Flash 中的源文件截图,时间轴的图层面板中最上面的层是防止穿帮的黑幕,然后根据舞台(镜头框)的大小确定每个镜头中角色和场景的比例关系。黑幕层下面的层中是不同的镜头,随着镜头的制作,图层也不断地增加。在图层上标记好便于查找和修改。

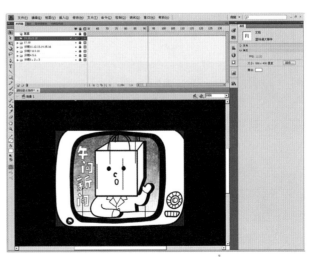

图 4-105

如图 4-106 所示，为没加黑幕（上图）和添加黑幕（下图）后的效果。不加黑幕在播放器缩放时无法明确镜头的边界，造成穿帮镜头。因为 Flash 播放器的特性在拉伸时会露出舞台（镜头框）外的部分，因此黑幕外延要尽可能地面积大些，舞台（镜头框）的大小根据黑幕的起始来定。

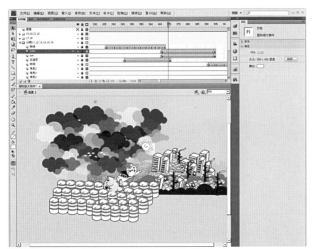

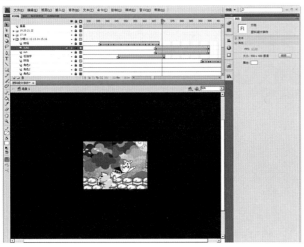

图 4-106

图 4-107 所示为动画影片《丁丁历险记》中同一个镜头的几个分解动作设计，原画在行到这几个分解动作时，基本上不用作太多的调整，就可以直接用到具体的镜头当中去了。可以这样说，设计稿做得越细致，就越能接近和体现导演的艺术构思和设想，从红蓝彩色铅笔勾画的角色动作设计中我们可以看出，动作幅度的大小也在画面上具体反映出来。在 Flash 中可以利用洋葱皮工

图 4-107

具来绘制原动画（图 4-108）。

5. 创作构思——开始进行动作设计

动作设计的要点：①打破常规。②"情理之中，意料之外"。③合情不合理。④心理分析。⑤大胆夸张。⑥设想几种动作方案，经过反复酝酿和思考，最后选定一种最佳的动作方案进行绘制。

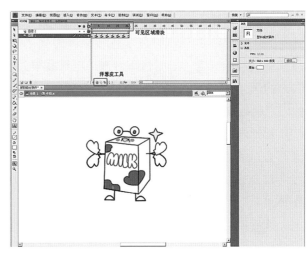

图 4-108

图 4-109 中的原画设计是角色将前额插线的另一头插进另一个角色的后脑勺插口的有趣动作，这个设计打破常规，完全不合逻辑情理，跳出了常人的想象。

图 4-109

图 4-110 中的原画设计是推土机向上倒立，伸出手臂和头变形成机器人。这个设计打破常规，结果出乎意料。

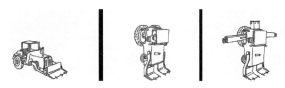

图 4-110

图 4-111 中的原画设计是角色整理衣领、系领带然后向上推紧领带时头被挤掉了。这个动作中系领带的动作设计在情理之中，而结束动作造成的结果却在意料之外，生动幽默。

图 4-111

图 4-112 中的原画设计角色在电风扇吹出的强风下艰难地行走，看似合情合理，电风扇很大，吹出的风阻力大，人很小，因此步履艰难，但是他们之间的比例不合常理。

夸张是动作设计生动鲜活的核心，使角色表演富有戏剧性和感染力。夸张包括情节的夸张、动作的夸张、形体姿态的夸张、表情的夸张四个方面。

（1）情节的夸张，导演在选择题材、确定剧本时，一般都要挑选适合发挥动画特性的故事内容，比如《大闹天宫》、《哪吒闹海》、《狮子王》、《大力神》、《移动城堡》、《超人特工队》、《风之谷》等。这些神话和科幻故事中，情节上的怪诞和夸张为原画的动作设计提供了依据，打开了创作思路。这就需要原画充分运用夸张的技巧，将剧情

图 4-112

内容和角色动作丰富、生动地表现出来。

图 4-113 所示为《大闹天宫》中的原动画设计，孙悟空变成天鹅，因为剧情的设定给原动画创作的夸张表现创造了空间。

（2）动作的夸张，主要体现在动作幅度的夸大，包括对角色身体躯干和四肢位置的移动距离的夸大以及对姿势之间转化的速度快慢的夸大。

图 4-113

图 4-114 中（上图）动作虽然也运用了手臂动作幅度的夸大，同时也把躯干的动作考虑在了其中，但总是感觉不够力度。整个动作显得平淡、无力。（下图）在这个"惊"的动作中，设计者不仅将手臂和躯干的动作幅度进行了夸大，更在反映"惊"的姿势上做文章，使其"吓了一跳"，使

图 4-114

目的姿势典型化，动作就更具感染力了。

动作的夸张，主要体现在动作幅度的夸大，而动作幅度的夸大则集中体现在对预备动作和缓冲动作的夸大。

①预备动作和缓冲动作是物理现象的体现，符合自然界中物体运动的规律。

图 4-115 所示为用力地一指的原动画设计。原画 1 ~ 5 为准备动作。5 ~ 9 为手很快伸出，为主体动作。9 ~ 12 为手回到最后的位置，为缓冲动作。开始时加速，结束时减速。

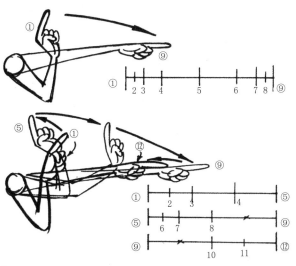

图 4-115

②预备动作又分为显性和隐性的预备动作，在现实生活中，有些动作的预备姿势很明显，比较便于设计动作时的表达，如挥拳出击的预备姿势是收回拳头，如图 4-116 所示。

有些动作的预备姿势则很隐蔽，不便于设计表现，比如赛车启动时，它的预备动作只有电机能感受到，在视觉外形上，整辆车几乎没有一点

变化。在这种情况下，设计者必须把赛车内部隐藏着的预备动作转化为有视觉形态变化的预备动作。

图 4-117 中的原动画设计并不是来自生活现实，它是对驾驶员"急切"的心情和发动机积蓄力量的写照。这是一个典型的隐性动作夸张为显性预备动作的例子。预备动作和主体动作的关系表现为：欲上先下、欲前先后、欲左先右。

图 4-117

（3）形体姿态的夸张，形体姿态的夸张包含在动作之中。动作的夸张主要表现在动作的幅度与节奏方面的夸大；形体姿态的夸张则表现在角色的形变上，主要是对角色造型进行拉长和压扁处理。一组不同程度的变形姿态的有机组合就能构成动作的夸张，变形的夸张使动画更生动幽默。

如图 4-118 所示，在冰箱由空中落地的动作过程中，它的外部形状也会产生一系列的变化。

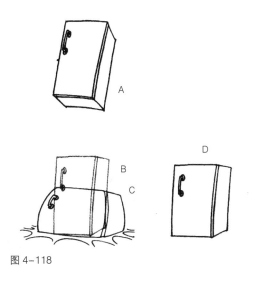

图 4-118

图 4-116

纵然冰箱有坚硬的金属外壳，也同样能对它进行压扁和拉长的变形处理。

（4）表情的夸张,动画片中常常会表现角色喜、怒、哀、乐等情绪上的各种变化。原画在处理感情上的变化时，除了对角色的动作姿态及脸部表情、外部形象进行夸张之外，还可以运用动画的特殊技巧，以比喻性或象征性的夸张手法进行处理，比如怒发冲冠、火冒三丈等。角色的表情是通过角色五官形状和位置的变化来体现的，极度夸张的表情当然也就对应着极度夸张的五官。在五官中，尤以眼睛和嘴巴最为重要，因为它们对表情变化的影响最大，在本章角色设计部分已作为较为详细的论述，这里不再赘述。

进行原动画设计时考虑到 Flash 动画片的特点，利用 Flash 软件特有的形变动画和位移动画，将动作合理夸张，设定好关键帧（原画），再根据情况添加中间帧（动画），使影片更具感染力。

4.1.5　实例解析及作业

图 4-119 所示为学生 Flash 动画短片《夏天在哪里》，作者：刘丹凤。全片跟随小女孩完成了寻找夏天的探险，大量运用了女孩的主观视角，

图 4-119

将观众带入影片，全篇节奏轻快，在寻找夏天的过程中体味恬淡的旅程。

图 4-120 所示为学生 Flash 动画短片《寄生漂流》，作者：于洋洋。全篇色彩浓郁，讲述的同样是女孩的探险故事，但和上一个学生作品的风格截然不同，全篇以眼睛作为线索，出现在太阳、金龟子等元素中，并通过眼睛转场。眼睛暗示了"寻找和发现"，在这个过程中感受到探险过程的神秘和未知。

图 4-120

作业：Flash 动画短片创作

设计脚本，绘制角色、场景、分镜头，并在此基础上制作完成 1min 动画短片。

视频尺寸：720 像素 ×576 像素；格式：.swf/.avi/.mov 均可

时长：60s。

要求：合理运用角色设计、场景设计、分镜头设计、原动画设计的方法，注意节奏和镜头间的连接关系，使用 Flash 软件制作全篇。

4.2　Flash 软件发布动画的方法

在制作好 Flash 动画片后可以利用 Flash 软件对短片进行发布，以供回放，或将其导出为各种格式。

4.2.1　发布为网络上播放的动画

Flash 默认导出为 swf 文件，这种类型的文件数据量少，适合在网络上播放。具体步骤如下：

Flash 的"导出"命令不会为每个文件单独存储导出设置，"发布"命令也一样（若要创建将 Flash 内容放到 Web 上所需的所有文件，请使用"发布"命令）。

"导出影片"将 Flash 文档导出为静止图像格式，为文档中的每一帧创建一个带编号的图像文件，并将文档中的声音导出为 wav 文件（仅限 Windows），如图 4-121 所示。

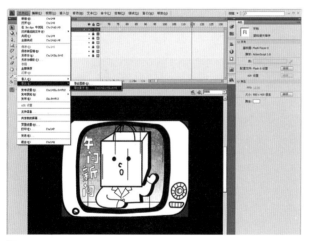

图 4-121

（1）打开要导出的 Flash 文档，或在当前文档中选择要导出的帧或图像。

（2）选择"文件"→"导出"→"导出影片"，或"文件"→"导出"→"导出图像"。

（3）输入输出文件的名称。

（4）选择文件格式并单击"保存"。如果所选的格式需要更多信息，会出现一个"导出"对话框。

（5）为所选的格式设置导出选项。

（6）单击"确定"，然后单击"保存"。

4.2.2　发布为非网络上播放的动画

发布为非网络上播放的动画，可以选择 avi 格式或 wov 等视频格式，但 Flash 不能直接导出 avi 格式的影片，需要使用格式转换的插件将 swf 文件转换成 avi 格式（图 4-122）。注：使用某些插件转换时部分元件动画存在丢失的可能性。

Flash 软件不仅能生成视频格式，还可以导出图像和图形，在"发布设置"中勾选需要发布的文件格式，在发布时选择该格式即可。

图 4-122

参考文献

[1] 张大川 .Flash CS3 网站商业设计从入门到精通 [M]. 北京：科学出版社，北方科海电子出版社，2008.

[2] 於水 . 影视动画短片制作基础 [M]. 北京：海洋智慧图书有限公司，2005.

[3]（英）未来出版 .Flash 创意课 [M]. 陈显波，曹佳丽译 . 北京：电子工业出版社，2012.

[4] Flash Professional Help[Z].

[5]（英）戴维·达博纳 . 英国版式设计教程 [M]. 上海：上海人民美术出版社，2004.

[6] 浅析 Flash 交互式多媒体动画网站的发展 [EB/OL]. 网优设计网 .

[7]（英）加文·安布罗斯，保罗·哈里斯 .The Layout Book 版式设计 [M]. 北京：中国青年出版社，2008.

[8] UCD China.UCD 火花集 2——有效的互联网产品设计　交互／信息设计　用户研究讨论 [M]. 北京：人民邮电出版社，2011.

[9]（美）尼科·麦克唐纳 . 什么是网页设计 [M]. 北京：中国青年出版社，2006.

[10] Jeff Johnson.Web 设计禁忌 [M]. 张颖译 . 北京：机械工业出版社，2006.

[11] Steve Kru.Don't Make Me Think.De Dream 译 [M]. 北京：机械工业出版社，2006.

[12] 文森特·伍德柯克 . 疯狂卡通角色篇 [M]. 胡文芳译 . 南宁：广西美术出版社，2007.

[13] 苏牧 . 新世纪新电影：《罗拉快跑》读解 [M]. 北京：生活·读书·新知三联书店，2004.

[14] 孟军 . 动画电影的视听语言 [M]. 武汉：湖北美术出版社，2009.

[15]（英）理查德·威廉姆斯 . 原动画基础教程——动画人的生存手册 [M]. 邓晓娥译 . 北京：中国青年出版社，2006.

后　记

POSTSCRIPT

在从事教学工作和创作的几年中，我将自己的创作体会、经验和方法记录下来，希望能通过本书与热爱并想踏入此行业的朋友分享和交流。

在这里特别感谢提供给我这样一个平台的中国建筑工业出版社及这本书的责任编辑陈皓，感谢他在全书编写过程中给我提供的宝贵的参考意见。感谢我的导师孙明教授对我的教导和培养，以及给了我莫大支持的鲁迅美术学院的院领导和老师们。

经过一年的编写，这本书终于要和读者见面了，本书是我在教学和创作中对 Flash 动画的相关理论进行的一次梳理和思考，在编写过程中吸收了众多与 Flash 相关书籍的营养。这本书着重于对 Flash 相关创作理论的讲解和研究，从设计和创作的角度出发整理出实用的创作思路和方法并结合实例加以详细论述，由于本书涵盖了 Flash 交互设计和动画设计两部分，覆盖面较大，在编写中仍有许多不足之处，希望能够与读者不断地交流和探讨并加以修正。

张璇

2013 年 9 月于鲁迅美术学院大连校区

图书在版编目（CIP）数据

FLASH 动画设计／张璇编著． —北京：中国建筑
工业出版社，2014.3
高等院校动画专业核心系列教材
ISBN 978-7-112-16532-2

Ⅰ.① F…　Ⅱ.①张…　Ⅲ.①动画制作软件－教材
Ⅳ.① TP391.41

中国版本图书馆 CIP 数据核字（2014）第 045095 号

责任编辑：唐　旭　张　华
责任校对：李美娜　陈晶晶

高等院校动画专业核心系列教材
主编　王建华　马振龙　副主编　何小青
FLASH动画设计
张　璇　编著
＊
中国建筑工业出版社出版、发行（北京西郊百万庄）
各地新华书店、建筑书店经销
北京嘉泰利德公司制版
北京方嘉彩色印刷有限责任公司印刷
＊
开本：880×1230毫米　1/16　印张：6¾　字数：175千字
2014年8月第一版　2014年8月第一次印刷
定价：48.00元（含光盘）
ISBN 978-7-112-16532-2
　　　（25384）